GET IT DONE
Surprising Lessons from the Science of Motivation

内生动力

从想到到做到的
成事法则

［美］艾利特·菲什巴赫（Ayelet Fishbach） 著

冯晓霞 译

中信出版集团|北京

图书在版编目 (CIP) 数据

内生动力：从想到到做到的成事法则 /（美）艾利特·菲什巴赫著；冯晓霞译 . -- 北京：中信出版社，2022.11

书名原文：Get It Done: Surprising Lessons from the Science of Motivation

ISBN 978-7-5217-4210-7

Ⅰ. ①内… Ⅱ. ①艾… ②冯… Ⅲ. ①成功心理－通俗读物 Ⅳ. ① B848.4-49

中国版本图书馆 CIP 数据核字 (2022) 第 062872 号

内生动力——从想到到做到的成事法则
著者： 〔美〕艾利特·菲什巴赫
译者： 冯晓霞
出版发行：中信出版集团股份有限公司
（北京市朝阳区惠新东街甲 4 号富盛大厦 2 座 邮编 100029）
承印者： 北京诚信伟业印刷有限公司

开本：787mm×1092mm 1/16　　　印张：18.5　　　字数：215 千字
版次：2022 年 11 月第 1 版　　　印次：2022 年 11 月第 1 次印刷
京权图字：01–2021–4450　　　　书号：ISBN 978–7–5217–4210–7
　　　　　　　　　　　　　　　定价：69.00 元

版权所有·侵权必究
如有印刷、装订问题，本公司负责调换。
服务热线：400–600–8099
投稿邮箱：author@citicpub.com

谨以此书致谢阿隆、马娅、希拉和托默

目录

自序

你的生活需要内生动力

在鲁道夫·拉斯佩 1785 年的小说《闵希豪森男爵历险记》中，这位虚构的男爵讲了很多显示他足智多谋的奇妙故事：他不小心把斧头扔到了月球上，然后搭着快速生长的豆子长出的高高的豆藤，爬到月球上取回了斧头；他与鳄鱼和狮子搏斗却活了下来，因为狮子朝他扑来时他低头躲开了，狮子正好扑进鳄鱼的嘴里；他把手伸进一头狼的喉咙，抓住它的尾巴，像翻手套一样把它从里向外翻了出来。

小说中最著名的情节可能是男爵骑着马陷入一大片沼泽。马越陷越深时，他环顾四周，想竭力摆脱危险。他想出一个奇特的办法，他一把抓住自己的长辫子（这是当时男人的常见发型），把自己和马从沼泽里拉了出来。

即使只从修辞的角度看，"用头发把自己拉起来"似乎也不太可能。虽然男爵的这一故事违背了物理定律，但我们每个人都会身处类似的情境中：今天早上你可能得把自己从床上"拉"起来；在一场激烈的争论中，你得让自己冷静下来；知道自己有点喝多了时，你把自己"拉"出了派对；当你搬到一座新城市时，当你开启职业生涯时，当你开始或结束一段恋情时，你都需要"拉"着自己走过这些重大的生活变化。在我们需要激励自己的那些时刻，男爵把自己从沼泽中拉出来的故事已经成为励志的寓言。

你的生活需要拉动力，我的生活也一样。"拉动力"在心理学中的表述就是"内在动机"，即"内生动力"，是指在做某件事时感觉这件事本身就是目的。

我在以色列的集体农场长大。在集体社会里，私有财产不受欢迎，金钱也被看作是肮脏的，当然这种肮脏不只是因为钱经过了很多人的手。作为这种意识形态的一部分，我要和同龄人分享自己的财产，包括房间、玩具和衣服，即使他们并不是我的家人。现在我是芝加哥大学商学院的一名教授。芝加哥大学以信奉资本主义意识形态而自豪，包括个人财产的基本价值。进入芝加哥大学的第一周，一位同事礼貌地拒绝了我借书的请求，并好心建议我，教授要有自己的书，不要去借书。那一刻我很震惊，也意识到需要努力拉动自己，才能从自小习惯的思维模式彻底转变为新到国家的同事所重视的思维模式。

然而，我已经把自己"拉"到了那里。我所在的社区更重视农业和体力劳动，而不是教育。如果你是个聪明男人并且想学习有用之术，读大学无疑是个正确选择。但我并不是男人，也不认为自己很聪明。我想学心理学，但这对我所在的基布兹（以色列的集体农场）没什么用。周围人鼓励我去学开拖拉机（我坚决抵制），并建议我学工程或建筑。通常你在农场工作一年后，基布兹会支付你的教育费用。对他们鼓励我做的这些，我完全没兴趣，于是我去了大城市。我在面包店打工，帮人打扫房子，攒下钱在特拉维夫大学学习心理学。为此我不得不"拉"着自己搬出来住，长时间地艰苦工作，并在大学里保持成绩优异。

多年后的现在，我来到了这里。搬到美国时，我和丈夫"拉"着对方去努力。申请美国公民身份时，我们也在"拉"动自己。我们"拉"着自己养育了三个优秀的孩子。每天我们也都在为其他一些小目标而努力：保持厨房整洁、遛狗、辅导小儿子学习等。

不管你想努力做成什么事，还是想维护生活中所珍惜的东西，你都需要很多内生动力。不拉动自己，你会寸步难行。我在 2020 年新冠肺炎疫情大流行期间写了这本书。和大多数人一样，我也很担心，很容易分心，但同时还要努力保持工作的动力。在过去的几个月里，我学会了不把任何事情想当然，无论是我的健康、工作、孩子的教育，还是和朋友见面喝咖啡。尽管我热爱自己的工作，但我发现，如今保持动力比以前要难。而要写好自我激励这个话题，我就要先激励自己去写作。

那如何激励自己呢？简单地说，就是改变你的情境。

如果你曾经让一位心理学家、一位社会学家和一位经济学家同处一室，你可以料想到在几乎所有问题上他们都会争论不休，但"通过改变行为发生的情境来改变行为"这一基本原则可能是他们都会认同的事实。这一原则是行为科学的基础，也是动机科学中很多发现的基础。

动机科学相对比较年轻，虽然几十年前才刚刚开始发展，但一直呈指数级增长，就像公众对于环境如何促进个人成长的兴趣一样。我们经常使用动机科学的洞见来激励他人：公司设定组织目标，激励员工努力工作；老师对学生的进步给予反馈，以激励他们继续努力；医疗人员发信息，激励人们听医生的建议；关注环境的能源公司，通过分享他人的低能耗信息来加强能源保护。在激励他人（我们的学生、同事、客户或同胞）的过程中，我们也形成了自己宝贵的洞见。

我们也可以用这些洞见来激励自己。

你可以通过改变行为发生的情境来改变自己的行为。例如，你可能知道，自己饿的时候会看见什么吃什么。所以，如果你打算吃得更健康，好办法之一是在冰箱里装满新鲜水果和蔬菜，之二是告诉家人你打算健康饮食，这样下次你去拿甜甜圈时，他们就会让你对自己负责。你也可以在心里把奶油甜甜圈的意象从"美味"想象成"有害"。这些不同的策略（稍后会有更多介绍）有一个共同点：它们改变了你的情境。想吃零食时，把你的冰箱装满蔬菜改变了你的选择；告诉家人你想吃得更健康，改变了你要对谁负责；告诉自己甜甜圈是"有害的"，会改变你对这种油炸松软面团的心理印象。

在本书中，我将就如何使用内生动力做出科学的阐述，这些洞见将引导和驾驭你的欲望，而不是让你受欲望驱使。我将与读者分享成功改变行为的四个基本要素。

第一，你需要选择一个目标。无论你是想谈恋爱还是想做个倒立，无论你是专家还是新手，都要先从标明一个目标开始。第二，在从起点到终点的过程中，你需要保持动力。你可以通过获取对自己表现的反馈（正面反馈或负面反馈）来监控进展，回顾已取得的成就，看一下自己还需要做些什么。第三，你必须学会兼顾多个目标。不同的目标和欲望会把你拉向相反的方向。你需要学会管理这些目标，设定优先级并找到正确的平衡。第四，你还要学会利用社会支持。单凭自己的力量很难达到目标，如果有人阻碍就会更加困难。但如果你能接受别人的帮助，追求目标就会更容易些。

了解这些基本要素只是其中一步。你还必须弄清楚你的成功食谱中少了什么配料。如果菜里还没放胡椒，你需要放胡椒，而不是放盐。例如，在你已经感受到有支持的情况下，再去寻求社会支持并不会增加你的动力（我会在第四部分中讨论），因为你的问题可能是对自己的目标缺乏热情。只有把自己的内生动力最大化（我将在第四章讨论），才能找到你的成功之路。

　　本书的四个部分分别讲述了你成功食谱中的一种配料。第一部分围绕如何设定足够强大而具体的目标（但不要太具体）"拉"着你到达终点。第二部分将教你如何保持动力，用正确的方式监控进展以避免你"卡在中间"。第三部分解释了如何最好地兼顾多个目标，什么时候需要优先处理哪些目标。第四部分教你如何借助和帮助你生活中的人，因为你和他们一样都在努力实现目标。

　　请记住我们的问题各不相同，也不可能靠某一个策略来解决所有问题，本书邀你来设计自己的行为改变之旅，在你特有的情境下选择适合你的策略。在每一章的结尾我都列出了一些问题，期望能引领你创建自己的改变之路。回答这些问题时你可以想想自己要实现的目标，但也请记住你的具体情境，包括你的机会和障碍分别是什么。

　　本书鼓励你将动机科学的原则应用到自己身上。你将了解我们头脑中创造的目标系统，了解不同类型的目标如何影响你实现目标的方式，了解人们通常在何时何地会陷入困境。但最重要的是，你将学会如何用内生动力达到目标，把自己从泥淖中"拉"出来。

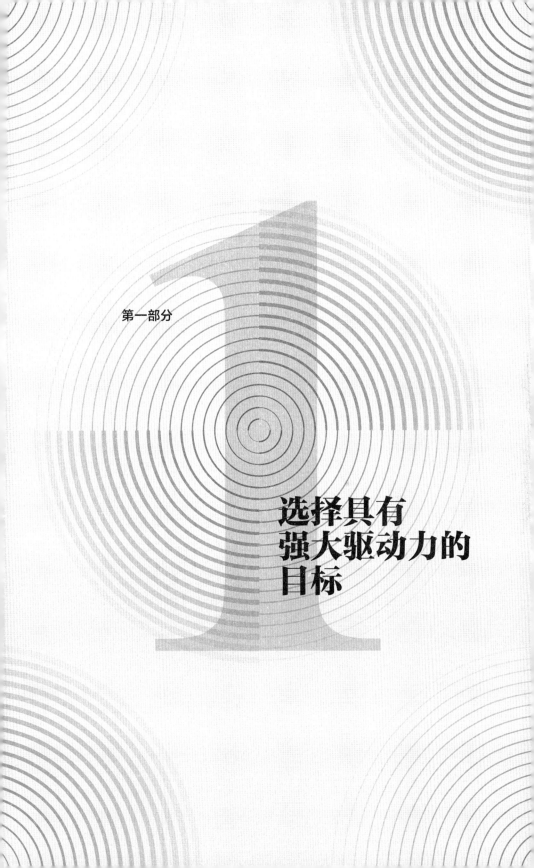

第一部分

选择具有
强大驱动力的
目标

1996 年 5 月 10 日，23 位登山者成功登顶珠穆朗玛峰。他们极目四望百公里外的景色，无论是字面意义还是象征意义，他们一定觉得自己站在了世界之巅，但这种兴奋没能持续多久。由于队员登顶时间过长，几位向导越来越担心。他们很清楚，为保证安全返回，下午 2 点就应该开始下撤，然而等到所有队员成功登顶欣赏到美景时已经是下午 4 点了。向导们以为时间还来得及，但是就在他们开始下撤后不久便遭遇天气突变，天色变暗，风速加大，还下起了大雪，返程变得异常凶险。他们不仅有可能被困在天寒地冻的山上过夜，而且备用氧气也即将耗尽。在海拔近 9000 米的珠穆朗玛峰峰顶，没有氧气，呼吸会极为困难。

暴风雪斩断了回程之路，夜里 9 点时一组登山队决定当夜先不下山，所有人挤在一起等待雪停。在刺骨的寒风中，这里的温度降到了接近零下 40 摄氏度，队员们感觉自己的眼皮都冻上了，很多人对活着返回大本营已不抱希望。

等到天气放晴救援队赶到时，5 名队员已严重冻伤且生命危在旦夕，即使返回营地也无生还希望。其他登山队也有队员死亡，暴风雪结束时在珠峰峰顶处及其附近共有 8 名登山队员丧生。1996 年 5 月 10 日的夜晚成为攀登珠穆朗玛峰历史上的又一大悲剧。这个夜晚也证明了一点，心怀目标有时可能是有害的。

对这些登山者来说，登顶珠峰就是他们的人生终极目标。此次登山途中有两位队员已经精疲力竭难以前行，但他们没有转身下撤，而是选择了继续进发。到底登顶珠峰有什么魔力，让他们宁愿牺牲生命也在所不惜？

登顶珠峰的目标囊括了树立具有强大驱动力目标的所有要素。第一，登顶珠峰是目标，而不是实现其他目标的手段。登山者只想登顶珠峰，而不是登顶后去接受别的挑战。在他们心目中，登顶是目标而不是手段，因此不是一件苦差事。第二，登顶目标虽然具体，但成功与否不得而知，只有试过才知道能否成功。你很可能会失败，但不试就不会知道结果，这也会让目标充满诱惑。第三，成功登顶是个巨大的激励。如果你能成功登顶并能活下来，肯定每个人都很想听你讲述这段经历。第四，这是个内在目标。即使没人关心你是否登顶珠峰，你自己也会永远为之自豪。

给自己树立有强大驱动力的目标时，我们可以参照以上原则，同时也不能忽视登顶珠峰的教训：选择目标时要明智。有些目标会让人身处险境，它们不考虑环境和我们自身的能力，只会让人走偏。这些目标非但不利于促进我们的情感，提升身心健康，还会让人无视过程中的危险，例如极端的饮食、造成伤害的体育运动以及难以放手的不健康的关系。目标是强有力的工具，因此更要小心对待。要树立具有强大驱动力的目标，但先要考虑目标是否适合我们。

有强大驱动力的目标会"拉"动我们实现终极愿望，激励我们为最终实现目标而不断付出努力。本书第一部分介绍了一个具有强大驱动力的目标的特点：第一章讲述了目标不是一件苦差事，它会让你兴奋；第二章讲述了目标是具体的、可量化的（也就是"多少"与"多快"）；第三章讲述的是目标会激励你，使你在前进的道路上一直保持兴趣；第四章讲述了目标会充分调动你的内在动机。

第一章

目标能改变行为，拉着你去努力

在刘易斯·卡洛儿的著名儿童文学作品《爱丽丝梦游仙境》中，爱丽丝问柴郡猫："你能告诉我该走哪条路吗?"柴郡猫回答："这得看你要去哪儿。"

这组对话让我想起在我的管理课上常用的一个练习。[1] 在练习中，我会让商科学生去想象一个场景：他们的飞机失事后坠落在海边，他们要组成小组，去飞机上找能让他们在野外生存的物品。他们有两个选择：一是拿火柴和斧头等，然后搭建帐篷等待救援；二是拿指南针和导航手册，离开原地去寻找救援。但很多小组往往还没想好自己的目标是等待救援还是寻找救援，就去找要用的东西。当目标是什么都不清楚时，他们的决定会自相矛盾，所拿东西用途也各不相同，最终只能一无所获。

站在局外看，爱丽丝和我的学生所犯的错误显而易见，其实我们也很容易犯同样的错。不提前选好能指明方向的目标，你很可能就会原地打转，想到什么就做什么，前后行为完全矛盾。你可能今天刚报了个班学习做马卡龙（一种法式甜点），但转头又想节食减肥，或者你刚申请完购车贷款，转头又去银行开了个储蓄账户。

我们设定的目标就是强大的驱动力工具。它不仅指引着具体方向，还会拉动我们朝着这一方向去努力。一旦确立目标，你就需要为实现目标而调动你所有的资源，投入脑力、体力、金钱、时间甚至社会资源。想一想如果目标是为人父母或者换职业，你就需要长时间持续投入；如果目标是健康饮食或加强锻炼，你就需要意志力和自控力。即使看似简单的目标也一样。养只小狗是不是感觉很好玩？但长期养也是耗时、耗力还耗钱。当然，无论付出什么成本，一旦确立目标，你就会不惜资源也不惜代价。

具有强大驱动力的目标会拉动你去实现内心最强烈的愿望，让你感觉所有的付出都值得。具有强大驱动力的目标，你就会感觉是抱负而不是苦差事。比如，登顶珠峰是抱负，但为了实现这一目标而接受训练则像是苦差事；同样，学法律是抱负，但准备律师资格考试则像是苦差事；虽然为人父母是你的心愿，但如果只是怕不生孩子将来会后悔而生孩子，生养孩子就成了一件苦差事。这些例子都说明，在树立和设定目标时我们容易落入三个陷阱：一是设定的目标不是真正的目标，而是实现另一个目标的手段；二是设定的目标过于具体详细，而不够抽象远大；三是树立的目标不是为了实现什么，而是为了避开什么。设定目标时，落入以上三个陷阱中的任何一个，目标的驱动力都会被削弱。

确定目标，而非手段

正如老话说的"眼睛要盯着目标"，设定的目标应该是抱负而非苦差事。有驱动力的目标设定的是期望的理想状态，而不是实现目标所必需的手段。

设想一下你在外面吃饭。点一杯 12 美元的鸡尾酒，你可能毫不犹豫，但要花 12 美元请人代泊车你可能会犹豫，宁愿自己开车转几圈找车位。你不喜欢花钱请人代泊车，因为停车只是手段，是能让你进餐厅吃饭这一目标的手段。同理，给朋友买生日礼物可能要付运费和包装费，但我们不喜欢在这上面花钱。很多人宁愿多花点钱买礼物，这样就可以包邮免运费。通常我们更愿意把钱花在目标而不是手段上。商家也知道顾客不喜欢把钱花在手段上，所以电商会把运费暗含在商品价格中，给人以免运费的假象。

我和富兰克林·沙迪发现，不愿在手段上花钱的心理有时会导致很奇特的结果。我们对 MBA（工商管理硕士）学生进行的一项实验显示，就像很多人不想付运费一样，为了不在手段上花一分钱，人们宁愿花更多的钱。在实验中我们拍卖了著名经济学家理查德·塞勒的一本亲笔签名书，这些学生都很想拿到这本书。[2] 这本书的平均出价为 23 美元。接下来我们拍卖了一个手提袋，里面也装着一本塞勒的签名书，卖给对这本书有同样热情的另一群学生。看似在竞拍手提袋，但后一次的交易应该更划算，因为拍到的同学会拿到手提袋和签名书。但奇怪的是，为手提袋和书这一组合竞标的学生平均只愿支付 12 美元，远低于竞标者单独为这本书所支付的费用。从经济学的角度看，手提袋的价值是负的，手提袋和书放在一起反而拉低了交易价值。为什么会有上述奇特的结果呢？花那么多钱买个手提袋，而它唯一的作用就是装一本免费书，会让人感觉不太值。其实这还是源于人们不想在手段上花钱的心理。[3]

设定目标时，请记住以上我们所了解到的，要从最终收益而不是从成本（手段）的角度去定义目标。最好把目标设定为"找到一份工作"而不是"申请一份工作"，或者把目标设定为"拥有一套房子"而不是"为首付存钱"。找到工作和买房子都是期望的结果，填工作申请表和攒首付则是实现这些结果的必要手段。实现目标让人兴奋，而实现目标的手段给人的感觉却是件苦差事。

设定抽象目标

假定你正在努力找一份新工作，你可以把目标说成"探索职业机会"或"阅读招聘信息并提交申请"，这是对同一目标的两种不同表述。"阅读招聘信息"具体是在说你如何寻找职业机会，而"探索职业机会"则抽象解释了你为什么要阅读招聘信息。虽然都是同一个目标，但第一种说法显然比第二种更有驱动力。对目标的具体描述强调的是行动，就会把目标变成苦差事，而抽象描述强调的则是行动背后的意义。

抽象的目标体现了行动背后的目的，即你想要达到的目标，而不是为实现目标所要采取的行动，它强调实现目标才是行动的目的。具体目标指明的则只是实现目标的路径或手段。

在追求目标的过程中要培养一种抽象目标的思维，目标才不会显得像件苦差事。[4] 如果你能抽象地思考日常生活，专注于日常行为的目的和意义，那么你对特定目标的定位也会更抽象。为验证这一原理，心理学家藤田健太郎和同事做了一项研究，通过让人们回答一系列"为什么"的抽象类问题和"如何"的具体类问题，将参与者分为抽象和具体两种思维模式。例如，他们需要回答"你为什么要保持身体健康？""你是如何保持身体健康的？"，回答几个这样的问题之后，参与者会根据回答的问题，开始对自己的目标做更抽象或更具体的思考。那些回答了一系列"为什么"的参与者显得更有动力，也会更努力地去调动资源实现目标，例如手持握力器时他们会更用力。

当然这样做也会有弊端。目标太抽象会让人迷茫，很难联系到一整套具体行动，因此也很难积极有效地实现目标。例如，"探索职业机会"的目标比"追求成功"好得多。如果没有明确或具体的方法去追求成功，那么目标就是无效的。当从 A 点到 B 点没有明确路径时，我们就只能陷入幻想，而不是采取行动。

陷入幻想时，我们会想象目标一旦实现生活将会怎样。我们想象自己穿上毕业礼服、戴上奖章或穿上婚纱的感觉多么美好，但幻想不会催生行动。幻想以优异的成绩毕业不会让你去努力学习，幻想 5 公里跑第一不会让你去多跑步，幻想步入婚姻殿堂也不会让你给自己安排更多约会。

事实就是如此。在一项研究中，心理学家加布里埃尔·奥廷根和托马斯·瓦登让减肥者在开始减肥计划时，给自己对减肥的期望（即减肥可能性有多大）和对减肥成功的幻想程度打分。一年后，期望值高的人比期望值低的人减重更多，但幻想值更高的人却没怎么减重。[5]

幻想的感觉虽然美妙，但作为激励工具基本无效。目标太抽象就可能会沦为幻想，让人不去采取行动。最理想的抽象目标描述的是目的，但同时不会忽略为实现目标而需要采取的行动。例如"改善我的心理健康"比"我要幸福快乐"的目标要好。设定前者这样的目标，你马上就知道下一步要做什么（比如开始心理治疗）。有效的抽象目标可以让你对比现在的状态和想要达到的状态，这样你就可以通过制订行动计划把现在的状态和想要达到的状态连接起来。

"做什么"和"不做什么"的目标

在外面吃饭时，你的目标是吃得健康还是不吃垃圾食品？打比赛时，你的目标是赢还是不输？"做什么"的目标也叫"趋向型目标"，因为它明确了努力接近的理想状态，例如让我们保持健康饮食或努力运动以赢得比赛。"不做什么"的目标也叫"回避型目标"，因为它促使我们远离希望避免的状态，实际上是种反向目标。

如果设定的是趋向型目标，我们就会朝着目标努力，缩小和愿望之间的距离；如果设定的是回避型目标，我们就会努力远离反向目标，拉大和要回避的结果之间的距离。

和把目标设定为一种手段或者设定得太具体，可能会让你感觉目标更像是一件苦差事一样，把它设定为一个反向目标也可能会导致一样的结果。如果你想赢得学校的篮球锦标赛，那"赢比赛"的趋向型目标一定比"不输比赛"的回避型目标更有吸引力。

关于回避型目标最有力的案例就是思维抑制研究。想象一下你的目标是不去想某件事，例如不去想公司里一次不愉快的争吵、不想想起你的前任或者萦绕在你脑海让你心烦的旋律。最近我儿子一直在练小提琴。老师让他演奏的是日本作曲家铃木一首非常欢快的音乐作品。虽然听到他的演奏技能日益提高令我很开心，但当他的训练结束后，我的脑海里终于不用再循环播放这些旋律时我会更开心。

这一痛苦经历让我想起丹尼尔·韦格纳的一个经典实验。实验很简单，他召集了一群研究对象，让他们"不要去想白熊"。[6] 但一旦他把白熊的想法"植入"研究对象的脑海，他们就没办法不去想。包括你，这会儿能不去想白熊吗？无论你不想去想的是同事、前任还是白熊，试图抑制自己的想法都是一种回避型目标。你希望摆脱的是反向目标状态，即不去想一些不愉快或不能想的事情。

我们都知道抑制思维有多难。越是下定决心不去想某件事越会发现它挥之不去，刻意压抑某些想法反而会让它更容易浮现。部分原因是，要确定是否已成功抑制了某个想法，你需要求证是否还在想着它，每次确认时这一想法就会重回你的脑海。越压抑就越容易想起，这种现象的讽刺性效果使其得名"讽刺性的精神控制"。此外，压抑也是一种挑战，因为它让人不舒服，完全是件苦差事。

虽然回避型目标更像是件苦差事，在驱动力上也往往比不上趋向型目标，但在激发行为方面也并非永远无效。在特定情况下针对某些人，回避型目标反而会更有效。

有些人对趋向型目标反应更强烈，我们可以称之为"趋向型的人"。打比赛时这类人更希望能赢，从心理学上讲他们有强烈的行为趋向系统。而另一些人则更能接受回避型目标，对这类目标反应更强烈，我们可以称之为"回避型的人"。比赛时他们希望不输就好，从心理学上讲他们有更强的行为回避系统。想知道自己是趋向型还是回避型，可以看自己更认同哪些说法："当想要某件事物时，我会全力以赴去争取""看到能有机会争取自己喜欢的，我马上会感觉很兴奋"，还是"我担心会犯错""批评指责会让我感觉很受伤"。[7] 选择全力以赴的人就是趋向型的人，而害怕犯错和挨批评的人就是回避型的人。

有时候具体的情境会决定人们更关注趋向型目标还是回避型目标。感觉自己大权在握时可能会更受趋向型目标的激励。[8] 如果你是老板，你可能希望人们喜欢你，这是趋向型目标；如果你是个实习生，你就要先确保自己不惹人讨厌，这是回避型目标。

对回避型的人或处于回避型情境的人来说，回避型目标同样可以有效激发某些行为。研究动机的行为主义心理学家在啮齿类动物和鸟类身上进行了研究，他们认为，"负强化"（注意不要和"惩罚"混淆）可以解释远离反向目标的动机，即采取行动以消除负面结果。20世纪40年代，著名心理学家B. F. 斯金纳制作了"斯金纳箱"，用来研究老鼠的回避行为。他在箱底安装了电网，无论老鼠在哪里都会被电击。当老鼠在箱子里努力移动以避免被电击时，会无意中碰到能够关掉电网的控制杆，老鼠慢慢地就学会了直接去按控制杆以避免被电击。

这种学习不仅限于老鼠。经历痛苦的晒伤后，人们学会了下次去海边时要涂上防晒霜。因为害怕受伤，我们坐在车里时会系好安全带，骑自行车时会戴上头盔，即使我们本人从未经历过类似事故。这些行为都是由回避型目标激发并得到了负强化。采用这些回避型目标，你就可以避免负面结果的产生。

在避免伤害和逃避危险的情境中，回避型目标的作用格外强大。涂防晒霜时你的目标是避免晒伤，而不是皮肤更健康。戴头盔时你的目标是避免受伤，而不是保持头骨完整。

在决定要设定什么类型的目标时你可以考虑"匹配度"，即目标要与努力的方向匹配。例如，安全的目标更适用于远离危险的情境。但是当你决定要约会时，把目标设定为想恋爱比不被拒绝更合适。

心理学家托里·希金斯将目标分为"应该目标"和"理想目标"，来解释回避型目标与趋向型目标分别与哪些情境更匹配。[9] 应该目标是你需要做的事，如锁门确保安全、担负照顾家人的责任；理想目标则是你希望或渴望做的，而不是你感觉必须要做的事，如阅读这本书或拿个商学学位。追求应该目标是为了避免损失，而追求理想目标则是为了接近收益。例如，如果目标是保护安全（应该目标），可以将目标设定为避免自己或财产受到损害，以此激励自己去行动；如果目标是加入合唱团（这对很多人而言是个理想目标），可以将目标设定为掌握一个特定的音域，以此来激励自己。

此外，虽然趋向型目标往往更让人向往，但回避型目标的优势则显得更紧迫。为了说明这一点，请试着完成下面的句子：

A. "我要避免 _____（输入你的答案）。"

B. "我想实现 _____（输入你的答案）。"

现在比较一下 A 和 B，A 句的回避型目标似乎更紧迫，但不那么令人愉快。而 B 句的目标似乎更有吸引力，从长远来看也更容易坚持。所以，如果把目标定为"不输"，你可能会认为这比把目标定为"赢"更紧迫。"不输"的目标会让你更快速地做出反应，但"赢"的目标会让你更有耐力坚持下去。

追求趋向型目标和追求回避型目标的感觉也完全不同。[10] 在成功实现趋向型目标时你会感到快乐、骄傲和激动，不能实现这一目标时你会感到沮丧和悲伤，例如工作晋升时你会感到自豪。而在实现回避型目标时你会感到平静、放松和宽慰，未能实现这一目标时你会感到焦虑、恐惧和内疚。例如，今年做完乳房 X 光检查（避免患乳腺癌，是一个回避型的应该目标），并拿到阴性结果后，我长出了一口气。

动机学告诉我们，我们的感觉和情绪也无比重要，它们既能为目标提供反馈，也是动机的感觉系统。感觉良好时你清楚自己在朝着目标前进，感觉糟糕时你知道自己落后了。这种反馈很及时，也很容易理解。

在实现总体大目标的过程中，感觉可以作为额外的动力或者一个小目标。感到高兴或宽慰时，这些正面情绪对你就是一种奖励；与此相反，负面情绪如焦虑或内疚就是一种惩罚。因此你追求目标时的动力，不仅是想实现目标，还因为实现目标或取得进展后你的感觉会很好，而失败会让你感觉很糟。情绪是一种强大的动力，你甚至会用它来激励自己。你会等到"合适的"时间再去享受美好的感觉，例如得知自己即将得到一份工作时，你会先抑制自己的激动情绪，等正式得到这份工作时再享受快乐。你说自己不想高兴得太早，但事实上你是在等"合适的"时间再去体会这种美好的感觉（详见第三章有关"激励"的内容）。

总之，对趋向型目标和回避型目标区别的深入理解，有助于你认识到哪些目标更适用于自己和具体的情境，从而更好地设定个人目标。即使没有这样的个人化目标，也可以采用一个总原则：在大多数情况下对我们大多数人来说，把目标设定为去实现成功和获得健康，比把目标设定为避免失败和疾病更有驱动力。你应该经常去想如何设定趋向型目标（"做什么"），而不是回避型目标（"不做什么"），并由此开始调整自己。

问自己的问题

目标是富有驱动力的。目标一旦设定好，你就会急切地想去接近它。目标能改变你的行为，"拉"着你去努力，因而设定目标不可小觑。设定目标的方式将决定目标有多大驱动力。如果目标不能让你兴奋，或者目标变成了苦差事，它就不会有太大驱动力。要想设定让人感觉不像是苦差事的目标，你可以先问自己几个问题：

1. 你给自己设定目标了吗？这些是正确的目标吗？这些目标是否符合你的身份，是否最适合你希望成为的人？你要先保证自己的目标正确无误。

2. 如何定义自己的目标？你能不能聚焦于你要实现的目标，这些目标能够让你兴奋激动，而不是你为实现目标而采取的手段？

3. 你的目标是理想的抽象目标吗？它能否让你既看到大方向又知道该如何实现？

4. 你的目标是要实现身心舒适而不是避免你不想要的不舒适状态吗？虽然回避型的反向目标会让你感觉更紧迫，但趋向型目标会让你更有动力。

第二章

设定既有挑战性也有实现可能的数字指标

每次有人启动 Fitbit 手环时，它就会自动加载每天 1 万步的目标。现在我们很多人都认为日行万步最有利于健康，但这个数字目标又是从哪里来的呢？

我们可能以为是几十年严格的科学研究最终确定了保持健康需要的精确步数，但其实这背后并没有什么科学基础。日行万步的目标最初来自日本的一个计步器广告。

20 世纪 60 年代初，日本正在筹备即将主办的 1964 年奥运会。想到世界各地的运动员都将来东京参赛，日本人在兴奋之余也开始更多地谈论和思考身体健康。他们知道体育锻炼可以有效预防高血压、糖尿病和中风，这些疾病当时也困扰着很多日本人。步行是最简单的锻炼方式，不需要特殊设备，也很方便和亲友一起锻炼，于是日本人开始自发组成了步行小组。

大约在同一时间，日本的一位健康学教授想到每天走 1 万步的目标比较理想，于是他发明了一个叫 Manpokei 的计步器，意思就是"万步仪"。这款计步器的广告快乐地号召大家："让我们每天步行

1万步！"50多年后的今天，日本人的健康状况在全球名列前茅，而生活在世界各地的我们也都把1万步作为日常运动的目标。

开始走路锻炼的目标虽然重要，但对日本人的健康和计步器的销售来说，也许最重要的是教授为走路的目标设定了一个数字。通常来说，目标就像食谱里需要给出的准确数字一样，走路锻炼有数字目标时效果最好。"每天步行1万步"显然比"走很多步"要好。也许你的目标是开始跑步，但设定一个数字指标效果会更好，例如在5小时之内跑完芝加哥马拉松全程。

数字指标通常有两种：一是"多少"（例如节省1万美元），二是"多快"（例如一年之内）。这两个概念在动机学的研究中堪称经典。多年来心理学界有大量研究聚焦于数字指标的积极影响，但其实在日常对话中数字指标也很常见。我们经常会说到但往往意识不到自己是在设定目标还是指标，例如，你可能会说你的目标是存1万美元，但实际上你的目标是省钱，1万美元只是个数字指标。

数字指标在我们的生活中随处可见，之所以如此常见，原因也很明显：有效性强。它会拉着你朝着目标去努力，也会让你更容易监控进展；它会提醒你什么时候该放弃或者慢下来；它能有效激励我们，因为指标一旦设定，我们就会很重视，并力求实现这些确切的数字。如果数字指标是存1万美元，那么"只"存了9900美元时你就会感到失望，而存下10100美元也并不会比刚好存10000美元让你更快乐。指标没有实现时，这100美元很重要，一旦实现了，它就会变得无足轻重。一般来说，一旦设置了某一指标，低于这一指标的任何结果就会被看作一种需要去努力避免的损失，而超过设定指标的就是收益，这固然很好，但没有的话也不会影响你内心的平静。[11]

这一现象就是心理学家丹尼尔·卡尼曼和阿莫斯·特沃斯基所说的"损失厌恶"。[12] 在感觉自己有损失时人们会很失望甚至生气，但当得到的比预期多一些时我们却并不太在意。根据这一损失厌恶原则，你会更努力地去实现目标而不是超越它。

例如，马拉松运动员的终极目标是越快完成比赛越好，但他们通常喜欢设定一个具体的时间指标，比如在 4 小时内完成比赛，这是很了不起的成绩。有一项研究分析了约 1000 万名跑步者的数据，发现在这些人中，恰好在低于他们设定的目标时间内完成比赛的人比恰好超出目标时间的人多得多（更多的人会在 3 小时 59 分内而不是 4 小时 01 分完成比赛）。当运动员在离终点越来越近时，一想到有很大机会在目标时间内完成，他们就会推动自己努力加快脚步。[13] 为了实现目标，他们在最后几分钟里拼尽了全力，最终在设定的时间内越过了终点。

聪明的营销人员很了解这种心理，他们利用人们想达到数字指标的愿望，设计了奖励计划。一项研究是对航空公司的飞行常客做调查，目的是研究他们在自己的里程积分接近最高奖励时的行为。研究发现，虽然每次飞行都有奖励积分，但只有在乘客的积分接近航空公司的最高级别时，他们乘坐飞机的频率才会越来越高。[14] 一旦达到每年 10 万英里（约 16 万千米）的飞行里程和最高级别的奖励后，他们的飞行频率就会下降。因为达到目标后他们会觉得积分已"清零"。为了达到目标指标和奖励，他们一次次地坐飞机去积攒航空里程很重要，但如果是在为下一年达到这个级别而开始积累里程，那现在飞不飞就不那么重要了。同样，如果 4 小时内跑完马拉松的目标已经实现，你就可以先降低一下训练强度，等下次马拉松到来时再发力也不迟。

数字指标不仅能拉着我们朝目标去努力，还能通过评估进展来激励我们。于20世纪60年代发展起来的最早期的目标追求模型，就是把追求目标描述为缩小与数字指标之间差距的过程。认知心理学的创始人之一乔治·米勒提出了一个他称为"TOTE"的模型。[15] 这个略显机械的动机模型假定一旦设定目标，你首先会开始"测试"（test），评估与目标的距离；其次是"操作"（operate），追赶目标；之后进行下一次"测试"（test），再次确定与目标的距离。这个测试—操作—测试（test-operation-test，TOT）的循环会一直持续下去，直到目标实现后，你"退出"（exit）对目标的追求。这个目标追求的完整过程被称为"TOTE"。在多年后的今天，该模式仍然被广泛使用（详见第五章），其要点也很简单：一旦设定了目标，我们就需要确定离完成目标有多远，之后做出所有努力去缩小差距。

既然我们已经理解了数字指标的作用，就应该更明智地设定目标。动机学告诉我们，好的目标有以下特点：具有挑战性，可衡量，可执行，可自己设定。

挑战性的目标

设定有效目标的第一个要素是要让目标较为乐观。如果完全让我们决定，我们自然会设定乐观的目标。你可能和大多数人一样，现在做的事是计划中昨天或者上个月就该完成了的。按照乐观的计划，你现在应该已经完成更多工作了。当然，这种乐观不一定都是坏事。

我们乐观地相信自己能超出现实可能性以更快的速度完成更多的

任务，这主要有两个原因。第一个原因是我们的规划有误，这叫"规划谬误"。我们往往会低估自己做事时所需要的时间和资源。无论你是打算今年早点报税还是在预算内完成家庭装修，你的规划都可能很难在现实中实现。即使是需要严密规划的大型公共建设项目也经常会出现规划谬误。1959年，当丹麦建筑师约恩·伍重着手建造著名的悉尼歌剧院时，他预计用700万美元在4年内完成。然而在1966年伍重黯然离职时，他已比规划完成时间超出了3年，支出也远超预算，他已支付不起工人的工资。于是工程由一位新建筑师接手，但歌剧院直到1973年才竣工，比原定时间整整晚了10年多，耗资也高达1.02亿美元。

有趣的是，即使你被提醒要记得犯过类似错误，规划谬误还是会发生。即使提醒自己要吸取教训，你可能还是会拖着明年的报税不报或者低估未来家装的成本。

因规划谬误而过于乐观，这是我们希望能避免的错误。但在预算时间和金钱时，我们往往只会想到手头的任务，而忽略了其他事情也同样需要我们付出。显然如果明年2月只需要做报税这一件事，我们都可以完成。但一旦把其他事情都加进来，比如生日派对、足球比赛、舞蹈表演、晚宴派对、预约医生等，那些看似空闲的时间就不再是空闲的了。

第二个原因是，我们设定过于乐观的指标有战略方面的考虑。我们可能是为了在别人面前表现自己，可能是为了有机会和别人签合同，也可能是在激励自己（这是本书讨论的核心）。

我们设定乐观的预测是为了"预先承诺"要采取的行动。我们大多数人凭直觉就能意识到数字指标的力量，因此有意把指标设定得过于乐观，来挑战一下自己。麻省理工学院商学院教授丹·阿里利曾经给学生一种特殊的自由。在商学院，老师通常会对学生在学期内要完成的论文设定严格的截止日期，而上阿里利课的学生则可以自己定交论文的日期。为了通过这门课并拿到学分，学生需要在学期结束前写三篇短论文。他们可以设定每篇论文的提交日期，也可以不设期限随时提交论文。但大多数学生选择了设定日期，即使明知错过日期会被扣分。[16] 他们这样做当然不是犯傻，而是因为担心到期会完不成论文，所以提前定下截止日期，激励自己早点开始课程作业，而那些没给自己设定截止日期的学生则不会有这样的动力。从这些学生身上我们观察到，在截止日期临近时他们会立即着手完成任务（关于"预先承诺"的更多内容详见第十章）。

这也正是我们经常选择挑战自己的原因。你可能计划在 4 小时内跑完马拉松，即使明知现在的自己还做不到。但总有一天要在 4 小时内跑完马拉松的这一承诺，会激励你去更努力地训练。挑战自己时你也知道这一指标过于乐观，但你宁愿错在期望过高而不是期望过低。为了激励自己，你会选择定个高目标而不是随意定个低目标。

即使不设定硬性期限，你也可以策略性地定个乐观的期望值让自己行动起来。我和张颖（音译）在一项研究中发现，和那些设定论文截止日期的商科学生一样，人们更倾向于设定期限。在研究中我们要求学生设定一个弹性期限，估计一下他们完成作业所需的时间，但不需要承诺在这个期限内完成，期限只是一个期望目标，达不到也不会被惩罚。我们将学生分成两组，告诉其中一组他们要做的作业很难，告诉另一组他们的作业很容易，但作业实际上是一样的。为了检测学生是否会提前设定截止日期来激励自己，我们比较了"难"作业学生组和"易"作业学生组分别设定的截止日期，结果发现，那些"难"作业组学生比那些"易"作业组学生预期会更早完成作业。这似乎有点奇怪：拿到更难作业的人怎么会更快完成计划呢？但这恰恰符合我们的预料，那些期待艰巨任务的人会设定更早的截止期限，以激励自己早点开始工作。[17]

我们也统计了学生完成作业的实际时间，希望能看一下预期要做更难的作业会如何影响他们的预测和实际表现。我们发现，那些预期要做更难作业并因此设定了较早完成时间的学生，比预期要做容易作业的学生更早完成了任务。当然，"规划谬误"也普遍存在。虽然两组学生设定的截止时间有早有晚，但通常都会超过截止日期。不过当预期任务比较难时，人们就会更早开始和完成任务。事实上，预期困难越大，对你越有利，因为这会激励你立即行动并全力以赴。

当然，有时候按时完成比质量本身更重要，因为不能按时完成的后果要比工作质量差严重得多。在另一项关于学生完成作业的研究中，我们强调设定截止日期必须准确。当学生认为作业难时，他们就会把最后期限也定得晚些，这时候，设定准确的截止时间比设定能激励自己的乐观期限更重要，这样他们就可以有更多的时间去完成困难的任务。

结论就是，在设定截止时间或者其他目标时，如果不按期完成的后果不严重，我们会有更好的机会来激励自己做到最好。这种情况下我们会设定挑战自己的目标，并且去努力实现。

有挑战性的目标能够有效地激励你，因为在面对困难的任务时你会调动自身资源，能量满满地迎接即将到来的挑战。想到任务虽然困难但并不是不可能完成时，你就会调动更多心力和体力去努力应对。

有时候，在面对有挑战性的任务时你可能会有点兴奋，甚至能感觉到自己心跳加快。这时你已准备好行动。有时候，你感觉自己能量满满，准备行动，即使你自己都没意识到。无论能否意识到自己的心理准备状态，在期待一项困难但并非不可能完成的任务时，你大多数时候都会精力充沛。[18] 简单的任务无须什么准备，而面对不可能完成的任务时你会直接放弃，不去费力气。

在准备迎接中等难度的挑战时，动机系统就会做好准备为我们注入活力。这也很好地解释了为什么在设定目标时我们要保持乐观。

可衡量的目标

制定有效目标的第二个要素是确保目标容易衡量。如果目标很模糊，如没有明确数字，就很难衡量，也会缺乏驱动力。例如，如果目标是在新工作岗位表现出色、为退休存够钱或者保证充足的睡眠，那么这些目标就不如在周末前完成一个工作项目、今年节省 1 万美元或者每晚睡 8 个小时的目标更有驱动力。

可衡量的目标需要有意义的数字，且目标容易理解和监测。根据上床和起床时间，你就会知道自己是否睡够了 8 个小时。如果没有每天睡眠时间的目标数字，你就很难判断自己是否有充足的睡眠。

但不是任何数字都可以使目标具有驱动力。例如，设定每天的阅读目标时，你可以定为一天读 20 页书，或者每天读 6000 个单词或 30000 个字符。虽然两个目标的阅读量相当，但页数目标更容易衡量，而要数 6000 个单词来检查目标是否已完成却困难得多。数单词可能比读书还要费时费力！当然，你可能觉得 20 页的读书目标也不好衡量，这需要准确记录是从哪一页开始读的，所以也可以考虑设定目标为每天读 20 分钟书。我孩子 8 岁了，他的老师给孩子们设定的就是每天阅读 20 分钟，如此巧妙的目标让我也很开心。定时的阅读目标，孩子容易理解，父母也容易监督。在设定自己的目标时，你首先要考虑什么样的数字最适合你，是数量还是时间？如果是数量，最容易监控的测量单位是什么？

可执行的目标

制定有效目标的第三个要素是目标可执行。如果目标不能轻易转化为行动，即使是可衡量的具体目标也是无效的。例如目标是每天摄入的食物热量不超过 2500 卡。对很多人来说，这是个精确的乐观目标，但卡路里很难测量。你能看到甜点的原料是巧克力、鲜奶油或焦糖，但看不到卡路里数。以下问题的答案你可能也不清楚：多少食物的热量等于 2500 卡？燃烧 100 卡需要走多少步？减掉 1 磅（约 0.9千克）需要燃烧多少卡热量？

如果你对这些问题很好奇，它们的答案是：燃烧掉 100 卡平均需要走 2000 步，燃烧大约 3500 卡热量才能减掉一磅。[19] 所以，一般来说，如果你每天在饮食中减少 500~1000 卡热量的摄入，那么一周就可以减掉一到两磅。

想象一下，如果在生活中食物不是以卡路里为单位而是以每天的摄入量为单位标注 [类似于应用软件慧俪轻体（Weight Watchers，简称 WW）用食物的点数值（Smartpoint）计算。具体做法我们稍后会详细介绍]。在芝士蛋糕工厂用餐时，如果你知道点一份意大利拿坡里比萨（上面有香肠、意大利辣肠、肉丸、熏肉，以及其他高热量成分）就会用掉你每天卡路里摄入量的99%（2500卡中的2470卡），你可能会改主意点一份托斯卡纳鸡肉（用刺山柑、洋蓟、番茄和罗勒叶烹制的烤鸡），它只有590卡热量，仅占每天规定摄入量的23%。给食物标上每天食用量的百分比是可执行的目标，这有利于我们健康饮食。[20]

或者想象一下：食物上标注的不是卡路里，而是依据消耗它提供的热量所需的运动量，这也是一种将卡路里转化为可行动目标的方法。采用这个标准，食物的热量就是用燃烧同等卡路里所需的步数或其他体育运动来评估。一项研究发现，当青少年了解到慢跑50分钟才能燃烧掉一瓶汽水所含的250卡热量时，汽水的购买量就会减少。

然而，我们目前关于食物的指标虽然有大量数字，但无法让人联想到具体行动，因而这些数字也无法成为理想的目标。

大多数国家的法律要求生产商在食品包装上提供营养标签，这些标签不仅说明食品中有多少脂肪、钠和纤维，还告诉你这些营养物质每天的推荐摄入量，也就是你的目标，即你每吃一份该食品实际摄入了多少营养物质。理论上讲，根据这些标签你可以确切地知道应该吃什么、吃多少，但实际上这些营养标签没多大用。它们太过复杂，普通人很难计算出为了保证健康饮食这些食物吃多少合适。而且这些营养标签上忽略了最重要的信息：为实现健康饮食目标，你是否应该吃这种食物。而可执行的食品标签至少可以告诉你，这种食物是否健康。[21] 在一项研究中，自助餐厅的食物被标为绿色（健康）、黄色（不太健康）或红色（不健康）。使用这些标签后，红色食物的消费量下降而绿色食物的消费量增加。的确，这样我们就可以很轻松地把目标设定为吃 90% 的"绿色"食品和 10% 的"红色"食品。

其他可行的目标可以是每天刷两次牙，每天走 1 万步，每周给父母打两次电话，每晚睡前阅读 20 分钟。这些本身都是很有意义的目标，而且使用的数字容易理解，也不难实现。

自己设定目标

设定有效目标的最后一个要素就是这一目标是"属于"你的，也就是说你要自己设定目标。想激励自己时，我们大多数时候会自己去设定目标，但有时我们会把这一任务交给别人，如老板、老师、医生或健身教练。虽然听专家的建议很有益，但让别人为你设定目标的风险是你可能不会那么努力地去实现目标。如果你的私人教练让你多做 10 个俯卧撑，你可能会趁她不注意的时候少做一两个。但如果是你想让自己多做 10 个俯卧撑，你就不太可能会偷懒少做。

让别人为你设定目标的另一个风险是，你可能会有反抗冲动。回忆一下妈妈让你做作业，你却不想做的时候，你经历的就是心理学家杰克·布雷姆所说的"心理抗拒"。[22] 这一要求或命令感觉像是对你自由感的威胁，让你感觉别无选择。对于回避型目标，我们尤其会产生心理抗拒。当被要求不要做某事时，这件事反而成了你想做的事（如"不要吸烟，这会要了你的命"）。这一抗拒的结果就是，你会选择做不利于自己的事，因为是别人在要求你做最有利的事，你拒绝这一目标，只是因为目标不是出自你的本心。

抗拒心理常让人感觉又回到了少年时代，那时候你讨厌做大人让你做的任何事。自己选择和设定目标意味着你不会再回到别人替你做主的时候。我现在经常锻炼身体，但我讨厌高中的体育课。二者唯一的区别就是，那时候上课是别人要求我锻炼，而现在我已成年，锻炼是我自己的选择，每天穿上跑步鞋系好鞋带时我就会很兴奋。

在咨询专家（不管是你的老板还是私人教练）时，请他们多提供几个选择，这会让你感觉自己拥有选择的目标。无论这一目标是对你的身体、精神还是经济状况有益，只要拥有这一目标，你就会充分利用好它。

认清有害的目标指标

2016年秋，美国联邦监管机构指控富国银行进行了大规模的非法活动。2011—2015年，该银行员工私自创建了数百万个未经当事人授权的银行账户和信用卡账户，这使该银行实现了内部销售目标并赚取了更多费用。联邦政府的调查结果显示，富国银行设定了一个极为困难的内部目标，即"Gr-eight（伟大的8）倡议"，意思是"至少向每个客户销售8种金融产品"。这一过高的目标压力，让银行员工不得不铤而走险。

这类情况并不少见。"Gr-eight倡议"的口号看似聪明，但让每个客户有8种金融产品是有害的目标指标，员工不违反行业道德就无法合理地实现这一目标。如果能设立一个温和的"awe-some（卓越）倡议"，即向客户销售至少一种金融产品就可以，这家银行的结果可能就不至于此。这件事也充分说明了尽早识别有害目标指标的重要性。如果为了实现目标正途行不通，就有人可能会走上歧途，选择不道德的行为、不适宜的捷径或不合理的风险。再比如，如果你认为要得到理想的工作就只能是在简历上做文章，那么在面试中你就很难做到诚实。更好的办法是，等你掌握了胜任这一职位所需的技能再来申请也不迟。

有些目标指标会让人压力过大或过度努力。回想一下第一位马拉松运动员，那位古希腊信使为了传递希腊取得胜利的消息，从起点一路跑到雅典，然后倒下就再也没能起来。即使在我们的现代世界，运动员也依然会因为训练过度而导致一身伤病。

有些目标指标设定得过窄，会让人忽略目标中其他重要的方面，这样也是有害的。[23] 如果把定期锻炼的目标仅仅设定成"每天走1万步"，你可能会在健身计划中忽略了重要肌肉群的训练；如果把接受良好教育的目标仅仅设定成"拿高分"，你可能会错过对自己专业知识的重要探索和发展。

另外，只盯着短期收益的目标指标会让人忽略了长期利益。停得太快往往就不会走得太远。以出租车和快车司机为例，来福车（Lyft）司机和优步司机的最终目标都是通过开车送客人赚尽可能多的钱。他们经常会设定一个每天赚多少钱的指标，达标后当天就可以收工。[24]这样一来，有些司机有可能在用车需求量大、潜在收入高时就结束了工作。达到每天的指标就不再拉活儿的司机可能会错过在用车需求量大的雨天赚更多钱的机会，而当用车需求低迷时，因为还没达到每天设定的指标，他们往往又要干到很晚。在这两种情况下，只看到短期目标都有可能损害司机的利益。另外，指标周期设定得太短，甚至可能会破坏你的目标，例如完成短期健康饮食的挑战后，你可能又会回到之前的旧习惯。

不现实的目标指标也是有害的，为实现不了的指标努力过但最后失败了的人会放弃整个目标。在一项研究中，上武小介和内森·杨发现，节食者的最终目标虽然是减肥，但他们往往盯着的是每天的卡路里指标。[25] 在多了几个卡路里而未能实现每日指标时，他们可能会因此失去信心而完全放弃目标，这就是威诺纳·科克伦和亚伯拉罕·泰瑟所说的"管他呢效应"。[26] 因多了几个卡路里而没能实现指标，你会想"管他呢"，然后继续吃，结果导致卡路里远远超标。这项研究中，那些因多了几卡热量而没能实现每日指标的节食者，最终减掉的体重明显少于那些达到了每日指标但只是因为少摄取了几卡热量（如摄入了 1995 卡路里，而不是 2005 卡路里）的节食者。多吃了半片牛油果面包，可能会彻底破坏你的节食计划，反正每日指标也没实现，不如干脆把冰箱里能吃的都吃了算了。

类似的"虚假希望综合征"也经常会发生。[27] 由于过度自信或乐观，人们会对成功设定不切实际的期望。当盲目相信自己可以达到不可能的指标时，他们注定会遭遇失败并最终放弃目标。例如，受到广告中节食前后对比图的鼓舞，很多减肥者决心要实现一个不切实际的体重指标，但减不到理想中的身材尺码时，他们就会失去信心。过于乐观的目标只会让你陷入空想而不是付诸努力去实现目标。[28] 一味幻想着发财或成名，你可能什么都实现不了，但制订计划也许可以帮到你。

问自己的问题

本章回顾了如何科学地给目标设定一个数字指标。但即使设定了指标，没有达到时也不要气馁。和我们的目标保持健康关系，关键是要认识到目标的数字指标具有随机性。晚了一分钟没赶上火车和晚了一小时没赶上火车可能感觉一样糟甚至更糟；差了几美元没实现年度储蓄目标；少了几次锻炼而没能实现锻炼目标；少读了一本书而没能完成读书目标……只要不妨碍你实现整体目标，这些微小差异就不会对你的生活有多大影响。

请记住上述观点，在设定目标指标时先问自己以下几个问题：

1. 你给自己的目标设定了一个数字指标吗？是多少还是多久？

2. 这些指标具有挑战性吗？容易衡量吗？可执行吗？

3. 这些指标是你自己设定的还是别人为你设定的？

4. 这些指标对你会起作用吗？如果担心指标可能是有害的，那就去修改。你可能会先回到"做到最好"或"做到很棒"的模糊目标，直到找到一个与自己目标相匹配的，既有挑战性也有实现可能性的数字指标。

第三章

正确的激励激发行为，错误的激励适得其反

当手头有一大堆要批改的论文或者要写的电子邮件时，我会去人多嘈杂的咖啡厅而不是安静的办公室工作。这一选择似乎有违直觉，但咖啡厅的环境可以让我完成更多的工作。咖啡厅里的确嘈杂，但每批改完一篇论文我就可以奖励自己喝一口热乎乎的茶香拿铁。

虽然人们总在吐槽咖啡厅里的咖啡太贵，以至让人攒不下钱，但我猜很多人之所以愿意在咖啡厅消费 5 美元一杯的饮品，可能因为这些饮品就像是对他们完成报告的奖励，或者是对他们每天早上起床去上班的激励。需要激励自己时我会喝茶香拿铁；我的女儿在备考医学院的考试时，她喝珍珠奶茶来让自己坚持下去。

无论你的长期目标是情感发展还是智力发展，抑或是在未来更健康富有，时常给自己一点激励，比如一杯昂贵的咖啡，都会起到即时而且直接的效果。对自己努力的奖励能激励你去努力实现短期目标。给目标加上适当的奖惩手段可以促使我们去行动，这种有形的小目标，会让我们为了获得奖励或者避免惩罚而努力。如果你想激励自己开始跑步，并给自己设定了下个月参加慈善跑步活动的目标，那么你

的朋友以你的名义向某慈善机构捐的款项，就可以激励你穿上跑鞋完成跑步。

但当我们想选择激励自己的合适手段时，却发现这方面的研究主要是围绕如何激励他人去实现目标的。父母和老师用奖励和惩罚手段激励孩子去努力学习、打扫房间、吃蔬菜和做家务。政府制定激励措施，让成年人注重健康和安全生活。例如，担心可能会因超速而收到罚单，这促使我们遵守交规，在驾驶时不超速。

当我们想为自己的利益让别人去实现某个目标时，有关激励的研究可以指导我们如何激励别人按照有利于我们的方式去行动。管理人员给员工发奖金，销售人员给顾客打折，目的是激励他们更努力工作或者购买某些产品。同样，我们的社会也在激励有利于所有社会成员利益的行为，做好事会得到公众的认可和赞扬，做坏事造成伤害则会被罚款或被监禁，例如，为激励捐赠行为而采取的捐赠减税政策。

虽然在以往的研究中激励机制大多不是由被激励人自己设定的，但是给自己设定激励机制可以成为自我激励的一部分。你可以策略性地选择已有的激励机制帮助自己去实现目标，也可以运用自己从激励相关研究中学到的知识，奖励自己朝着目标去努力。

有关激励的研究在心理学和经济学中由来已久。在心理学中，对奖励和惩罚何时、以何种方式发挥作用的研究源于行为主义运动。这一运动始于巴甫洛夫在19世纪末对流口水的狗所做的研究，并在20世纪中期得到了蓬勃发展。以B. F. 斯金纳为首的激进行为主义心理学家认为，外部奖励可以解释我们的所有行为。他们认为，只要对一个人过去和现在的激励体制有足够的了解和充分的理解，就可以准确预测他未来的行为。考虑到人类动机的运作极为复杂，他们对动物进行了研究，例如，什么激励促使老鼠穿过迷宫，或促使鸽子啄食彩色圆盘。但请别忘了，他们其实是想了解动机如何影响人类的行为。虽然大多数现代心理学家已不再认同行为主义关于动机的观点，但我们现在对激励的认识大多可以追溯到行为主义时期。总之，我们从行为主义者那里学到，改变行为可以从改变行为发生的情境开始，不必去改变人的性格或去"责怪"先天遗传因素，而要改变行为发生的情境，就可以从激励入手。

在心理学界对激励进行研究的同时，经济学领域也进行了大量关于货币如何以及何时起激励作用的实证研究。相比于行为主义学者对食物如何影响老鼠在迷宫里的行为表现出的浓厚兴趣，经济学家对金钱以及金钱如何影响人类的行为更有兴趣。经济学理论认为金钱能激励人的行为，但作为新研究分支的行为经济学却发现事实并非都是如此。有时候金钱非但不能实现有效激励，反而会破坏我们的行为动机。从行为经济学的研究中我们了解到，理解激励何时不起作用是理解激励如何发挥作用的关键。

要用对奖励

20 世纪初，科学研究发现引发黑死病的是受跳蚤感染的老鼠。几年之后，在越南河内又出现了严重鼠害。法国殖民者在河内新建的下水道系统给老鼠提供了适宜的生存环境。它们大量繁殖，成群结队地出现，引发了人们对新一轮瘟疫的恐慌。为了有效防止鼠疫，法国殖民者开始悬赏捕鼠，每捕杀一只老鼠奖励一美分。奖励初期这一措施似乎很有效。第一个月里每天都有上万只老鼠被杀死，两个月后的日捕鼠量最高达2万多只，但让该市卫生官员不解的是，河内的鼠患问题似乎并未缓解。

很快，人们看到很多没尾巴的老鼠在河内四处乱窜，这让人有点费解，因为这几个月来捕鼠人已交了几十万条老鼠尾巴，也都拿到了赏金。原来，很多捕鼠人在抓到老鼠后只是把尾巴剪掉，然后又把它们放回了下水道。卫生官员还发现，这些靠捕鼠为生的当地人中，有生意头脑的甚至开始养殖老鼠。于是悬赏捕鼠被紧急叫停，养老鼠的人把养的老鼠放生了，其结果就是，悬赏捕鼠非但没能缓解鼠患，反而让河内的老鼠有增无减。

这是个重要的历史教训，它提醒我们奖励不当会导致何种结果，这种现象被称为"眼镜蛇效应"。英国殖民者曾发起过一项以失败而告终的类似计划，他们在印度用赏金激励人们消灭眼镜蛇。其结果可以想见，要得到一条死眼镜蛇，就得先有一条活的眼镜蛇。

这些是说明奖励不起作用吗？恰恰相反，这些奖励让人们开始养殖老鼠和繁殖眼镜蛇。很显然奖励可以改变行为，但如果奖励没用对，就会得到错误的行为。

找到真正的奖励对象并不容易。[29] 作为一名商学教授，我很希望能促进学生的团队合作。毕竟，学生未来的成功也取决于他们的合作能力，但我们在高等教育中通常使用的激励措施，例如打高分、写推荐信等奖励手段，以及打不及格等惩罚手段，只是针对学生的个人学习表现而不是团队合作。虽然我在自己的课程里很努力地激励小组活动，但就像班里的一组学生在他们关于提高管理绩效的报告里提到的那样，集体成绩的激励手段有时并不能确保组员之间的有效合作。成绩优异的孩子可能都会有这样的经历，在小组项目中为确保自己能得A，有时会把别人推到一边，自己主动承担更多的工作。团队合作问题在职场中也很常见。我们知道绩效评估主要基于个人表现，没有外部激励措施来促使我们在团队中要表现出色，我们自然也不会有动力给自己设定这种激励措施。

有时，因为我们不确定如何评价成功奖励而会感到很棘手。在奖励自己时，我们可能会只看那些容易衡量的事物而偏离了最终的目标。理想情况下，在工作中你应该为找到创造性的解决方案或朝长期发展迈出了一步而奖励自己，但因为这些很难衡量，所以你可能是因更快地完成工作或比别人完成了更多项目而奖励自己。也就是说，你奖励自己的是工作的数量而不是质量，这种奖励制度没能考虑到你的创造力和长期愿景。

如果你要实现的是回避型目标，奖励正确的事就会更加棘手。如果目标是避免危险或健康风险，那你应该奖励的是警告信号。但我们很少会奖励坏消息，我们通常不会因为发现了不规则的痣而祝贺自己，虽然及早发现这种痣就可以尽早去除以避免患皮肤癌的风险。"枪毙信使"（shoot the messenger）的说法说明，带来坏消息的人总会让我们不高兴，即使是我们自己。[30] 这一短语源于古希腊，这说明惩罚坏消息的倾向不是现代社会才有的，但奖励坏消息会帮你实现目标。也许当活检切片的结果是阴性时，你应该举杯庆祝一下；当下第一场雪之前发现家里的暖气需要修理时，你应该跳一段快乐的舞蹈；当朋友劝你别和自私的邻居走得太近时，你可以给他买杯饮料以感谢他的提醒。总之，及时发现坏消息并采取措施是值得庆祝的事。

为了最好地发挥激励措施的积极影响，你要奖励正确的事，无论是团队合作、创造性的解决方案、成功防止伤害，还是一个无害虫社区（注意不是指大量的死老鼠）。当然，找到正确的事去激励说起来容易做起来难。如果想确认你的思路是否正确，可以问自己两个问题。

首先，这种激励是推动你朝一个目标努力，还是只是一个易衡量的无意义目标。例如，希望工作有进展时，你奖励自己的是完成的工作量，而不是在电脑前的时间（有时候你在电脑前不过是在做白日梦或者刷社交软件）。再进一步，你可以奖励自己的工作质量而不是数量。

其次，问问你自己，实现这些激励最简单的路径是什么，还有哪些可能的捷径。如果最简单的路径都不能推动你朝着目标努力，那你就是使用了错误的激励方式。

过多的激励

1973 年，心理学家马克·莱珀带着一盒"魔力彩笔"走进了斯坦福大学的校园。他并不是要给大学生带去这些颜色鲜艳的礼物，而是为了在斯坦福大学幼儿园里验证他的一种直觉。连续三周他每天都会带着这些彩笔来到幼儿园，让孩子们在自由玩耍时用。他站在单面镜的后面看着这些 3~5 岁的孩子画画。其中一些孩子会被告知，如果他们在自由玩耍时选择画画，就可以得到"优秀玩家奖"，奖励一颗大金星和一条亮红色的丝带蝴蝶结。有些孩子则没有任何奖励，还有一些孩子在画完画后会得到意外的奖励。

画完第一幅画后，奖励组的孩子会被告知奖励是一次性的，之后画画不再有奖励。莱珀注意到，虽然孩子们刚开始画画时都很兴奋，但那些第一次画完后得到大金星和亮红色蝴蝶结的孩子，在得知之后画画不会再有奖励时便只会花 10% 的自由玩耍时间去画画，而那些没有获得奖励或得到意外奖励的孩子，则会在之后用 20% 的自由玩耍时间画画。

与生活中的很多事情一样，在奖励某种行为方面"少即是多"。莱珀在"过度合理化效应"的研究中发现，过多的激励可能会适得其反。[31]

给一个行为加上一个理由（或动机）后，再去掉这个理由就会对行为的动机产生破坏，出现过度合理化效应。对莱珀研究中的孩子们来说，增加奖励改变了绘画的目的，使它从只是为了自我表达，变成了自我表达和获得奖励。所以当自我表达再度成为绘画的唯一理由时，孩子们对绘画就不会再有强烈的兴趣了。

对该经典效应的一种狭义解释是，金钱或奖杯等外部奖励削弱了自我表达等内部动机，但问题其实不仅在外部奖励。在莱珀的研究20 年之后又进行了一项研究，研究人员给二年级和三年级的学生发放了一种"加厚版"的短篇故事书（故事书和涂色书的二合一，厚度是平常故事书的两倍）。在书里，孩子们先看到一篇长度为一页纸的寓言故事，接着是一页该故事人物的图片，他们可以给故事中的人物涂上颜色。虽然阅读和涂色两个活动都是内部动机，都给了孩子表达自己的机会，但如果把两个放在一起，动机就会被彼此削弱。这时候如果去掉涂色活动，就会降低孩子们继续阅读的动力，而去掉阅读活动只涂色效果也一样。这说明任何额外的奖励，无论是外部的还是内部的，都会破坏原来的动机。[32] 例如，如果我们在工作中奖励的模式是更多的工作自主权，但新老板不再采用这种奖励，那我们的工作动力就可能会下降。因此，只有外部奖励时会削弱内部动机的观点似乎过于简单，也无法解释莱珀的研究结果。

此外，有时候我们也会看到，即使激励没有被取消，增加的激励也会对动机产生负面影响。在莱珀的研究中，亮红色的丝带蝴蝶结先是作为增加的激励出现，之后又被取消，让孩子们在没有任何激励的条件下画画，这似乎是他们动机受挫的一个明显原因。如果画画不再有奖励，那为什么还要继续画呢？然而，在莱珀的研究40年后进行的一项研究发现，新增的激励也会降低动机，即使这些激励一直都在。

在一项研究中，米夏尔·马伊马兰和我想了解一下，当孩子们知道食物除了好吃还有其他作用时会有什么反应。我们带了一本图画书，上面画着一个小女孩，她在芝加哥郊区的幼儿园上学，爱吃饼干和胡萝卜。我们还带去几袋饼干和胡萝卜。但我们的图画书有三个不同版本，分别给三组不同的孩子。在第一个版本中，女孩吃胡萝卜和饼干，是为了让自己健康强壮。在第二个版本中，她是为了学习阅读。在第三个版本中，她是为了学习数到100。听了这些故事，孩子们会了解到饼干和胡萝卜可以帮他们变得更强壮、更聪明，应该更有动力为了得到这些好处而去吃这些食物。

我们可能会认为，了解到吃这些食物能让人变得更加强壮或者能给学习补充能量，孩子们会更想去吃这些健康零食，但研究结果恰恰相反。一些孩子听说饼干会让他们变得更强壮后，得出的结论是饼干不太好吃，不太想去吃。而另一些孩子听说胡萝卜可以帮助他们学习阅读或数数，同样会少吃胡萝卜。总之，强调食物的好处，结果反而减少了50%以上的食物消费量。孩子们的推论是，如果某种食物可以一物多用，既好吃又能帮他们数数，那味道可能就不怎么样，而他们真正关心的食物用途只有一个：好吃。[33] 这一发现对父母来说应该是一个巨大打击，因为很久以来，他们一直在用"吃胡萝卜和西蓝花，你会长得又高又壮"的承诺来说服孩子们多吃蔬菜。

请注意，在这些研究中，假定的外部好处即外部激励一直都存在，这些孩子相信吃胡萝卜有助于阅读、吃饼干有助于数数，但与那些没有被告知吃饼干和胡萝卜会让他们变得更强壮、更聪明的孩子相比，他们吃这些食物的兴趣反而更低。

虽然我们经常告诉自己，多吃某些食物会让我们的外在状态和内心感觉更好，也更长寿，但食品营销研究发现，宣传某种食品健康也会让成年人没有胃口。[34] 在美国几所大学食堂进行的一项研究发现，与强调味道的食品标签（如"香草香醋酱萝卜"或"川味蒜香青豆"）相比，强调健康益处的食品标签（如"健康首选萝卜"或"富有营养的青豆"）会减少这些健康食品近30%的消费量。因为与吃药相比，吃食物的主要目的是享受味道，如果吃某样食物还有其他目的，我们会认为这种食物的味道不会太好。

这些最新研究告诉我们，过度合理化效应表明，一旦引入过多的激励，动机就会下降，这不仅是对预期的激励被拿走时你感到失望的反应。虽然付出同样的金钱或努力但得到的激励更少时会让人失望，虽然这种失望会降低动机，但过度合理化效应的产生还有一个原因，即额外激励的存在会削弱或稀释我们做某件事的核心原因。

稀释原理

第一天在幼儿园观察时，莱珀看到孩子们很享受画画，而那时他并没有给他们任何奖励，孩子们喜欢用艺术表达自己。但当有了奖励之后，孩子们便失去了最初在绘画中感受到的一些意义，"魔力彩笔"自然也不再有同样的吸引力了。

莱珀亲眼看到了"稀释原理"的出现。根据稀释原理，某个活动设定的目标越多，包括激励机制（小目标），我们就越不会把这一活动与中心目标联系在一起，它对我们实现目标的作用就越弱。在进行这一活动时，我们的中心目标就不太可能出现在脑海中，而当目标没有出现时，这个活动似乎就没有在为该目标服务。孩子们在获得奖励后不想再画画了，因为画画已经不再与他们的自我表达直接相关了。

根据稀释原理，给有目标导向的活动添加一个新目标，会削弱该活动与原始目标之间的心理联系。如果听说吃胡萝卜有助于降低血压，你会认为胡萝卜对改善视力就没有多大用处。如果我告诉你，我的一位朋友可以给你很好的烹饪建议，你就会认为她不大可能再给你很好的医疗建议，即使她可能刚好是一位喜欢烹饪的医生。

当你不太关心额外激励时，这种稀释作用就会尤为明显。例如，你想在工作中开始一个环保回收项目，但听说这个项目可以让公司享受税收减免后，你的积极性可能会下降。你所做的原本是为既定目标服务，如果出现一个你不关心的目标或激励，那么你所做的似乎对最初的目标意义也就不大了。如果你不关心新的目标（例如帮公司首席执行官省钱），你可能会任由新目标压过最初目标，也不会再有什么积极性了。

我们以葡萄酒为例。通常在买葡萄酒时我的选择主要受两个激励因素的影响，即买既好喝又实惠的葡萄酒。但在我看来这两个因素相互竞争。根据稀释原理，看到一瓶酒比较便宜时我会认为它可能不好喝，知道一瓶酒好喝时我会认为它可能不便宜。但有时其中一种激励会不太重要。每年我所在的大学都会举办节日派对，派对上有各种免费酒。在这种派对上，我不会在意酒的价格，因为不是我买单，我会选更贵的酒，因为我认为自己会更喜欢它。在经济刺激下，较便宜的葡萄酒的口感也被冲淡了（更多的是认知上的而不是实际上的）。我会认为，同时满足两个目标（口感好和价格实惠）的葡萄酒可能两方面都会不尽如人意。

同样的道理也适用于那些在假日期间做广告宣传自己的产品是圣诞好礼的多功能工具，以激光笔为例。在我和张颖、阿列·克鲁格兰斯基一起做的一项研究中，参与者需要完成一项调查，其中一半人被要求使用一种激光笔。当研究完成后每个人走到签到台时，他们需要在一支普通笔和一支激光笔中间选用一支签名，两支笔与在研究过程中用过的笔相同。有趣的是，在研究中用过激光笔的参与者，签名时没选激光笔而是选了普通笔，而那些在研究时没用过激光笔的，则会随机选择使用激光笔或普通笔。[35] 这项研究解释了为什么多功能物品最后往往什么功能都用不上，因为我们更希望笔就是笔。

稀释原理帮助我们确定什么时候更适合设置较少的激励。就像莱珀研究中通过那些画画的孩子所发现的那样，先增加激励再取消激励会让人失望，因为这会削弱活动与其最初目标之间的联系。同样，增加你并不在意的激励也会降低你的动机，即使这些激励一直都在。

当你想给现有的目标增加某种激励时，花点时间思考一下这种激励是否对你有用：它会推动你努力接近目标，还是会模糊你行为的目标，反而让你远离目标呢？

如果说"激励会破坏动机"的说法让你有点困惑，这也很容易理解，毕竟我们在生活中常会看到激励的作用。我的工商管理硕士学生中，很少有人会因为有机会拿到学位而失去学习的动力，我也从未遇到过因为薪水太高而对工作失去热情的员工。至少在某些时候，金钱激励和其他激励措施似乎行之有效。

你可能会担心，激励尤其是金钱激励会降低动机的说法之所以被很多人接受，只是因为这对他们有经济上的好处。例如，如果你免费享受艺术、非法下载音乐，或用你前任的账户在流媒体上看电视，你可能更愿意相信艺术家的工作动力不是金钱而是创造力。再例如，在经济低迷时期你所在的公司举步维艰，但如果你刚升任管理职位，你可能会认为加薪只会让员工没有动力好好工作。如果你是交易中的"付费"一方，你认为加薪会削弱员工的工作积极性，这也很容易理解。员工工作报酬偏低的管理方经常会这么说。

事实上，有报酬的艺术家创作的艺术作品更多而不是更少；加薪可以提升员工士气，这对管理层也是件好事。在以上这些情景中，人们期望得到报酬，金钱激励是他们做事的部分原因。因为你希望通过自己的工作挣工资，所以拿工资不会影响你理解自己最初为什么要做这份工作，同样，销售自己的艺术品也不会影响艺术家理解他们的创作动机。

有些事我们并不清楚为什么要做。如果问自己为什么要做，那么有激励就是帮助我们理解原因的线索，但有时这些线索也会让我们误入歧途。

很多研究发现，激励会削弱孩子的动机，而这些研究为什么在孩子身上做也是有原因的，因为成长中的孩子正在努力弄清楚自己喜欢什么、不喜欢什么。我问 8 岁的儿子是否喜欢学校的某个科目时，他需要先想一下，而不像我们凭直觉就能知道答案。孩子对基本是由成年人控制的世界还是相对陌生的，所以他们在日常生活中做的很多事都需要一个解释。他们可能会问自己："我画画是因为喜欢还是因为老师让我画呢？""我吃这个是因为我觉得好吃，还是因为不吃就得不到甜点呢？"激励给了他们线索，让他们用线索拼凑出自己的好恶。如果你是孩子，成年人愿意给你钱让你做某件事，那这就是一条线索，说明没有钱你可能不会喜欢做这件事。

相比之下，成年人很清楚自己的好恶，所以激励对我们理解为什么做某件事的影响并不大。你每天都去上班，如果你做同一份工作或者在同一领域已经工作很多年，你会很清楚自己对这份工作的感觉，激励也不太会改变这种感觉。加薪不会削弱你的工作积极性，也许会让你更有动力，因为加薪标志着成功。但如果你在尝试某件自己可能也不确定的新任务时，那么你更有可能依靠激励来弄清楚自己为什么要做这件事。大多数时候你的结论是：做这件事主要是为了得到激励。这一点我是在开始海外教书时学习到的。第一次报名去新加坡教一门课程时，我以为自己这么做，是因为在海外讲课学校就会给老师额外的教学学分。但去过几次新加坡后，我意识到自己更关心的不是教学学分，而是这一宝贵的教学经历，以及探索和了解一个新国家的机会。

为什么要做某件事，用激励机制提供的线索去理解可能会让你误入歧途。找不到做这件事背后的核心原因，我们会误以为自己对目标的投入程度比实际要少。当激励与活动不匹配时，这种激励甚至可能会伤害到动机。举个例子，有人付钱让你给祖母打电话，这给人的感觉就不对，感觉不对的经济激励会影响你做事的动机。但如果经济激励是某件事的核心特征，例如你在工作或者挣零花钱，经济激励就会增加你做事的动机。一项研究发现，花钱让孩子们玩积木，会让他们不那么喜欢玩积木，但花钱让孩子们掷硬币，他们就会更兴奋、更有动力，因为掷硬币游戏本身与赢钱有关。[36] 很多人觉得赌博很刺激就是因为赌博的动机就是金钱回报。我们期望得到金钱时，经济激励就会增加而不是削弱我们的动机。

为了确保激励手段不会适得其反，你可以问问自己，陌生人会如何推断你做某件事的动机。如果你的激励手段让陌生人感觉困惑，或者你自己也一直不清楚为什么要做某件事，那就可以考虑调整一下你的激励手段。

激励会掩盖行为的影响

假设你可以在 24 小时内完全隐身，没有人能看见你、听见你的声音、感觉到你的存在，做什么都不会有任何惩罚，那你会选择做什么？这些年来我在课堂上问过几百名学生这个问题。绝大多数人会说抢劫银行、私闯民宅，以及偷窥或偷听别人说话，比如自己的老板、朋友、同学、家人、恋人或名人。还有人说干掉他们讨厌至极的人（通常是下毒）。他们当然是在开玩笑，至少我希望如此。但这些答案背后的共同点是什么？如果没有负向激励，如果你知道自己的行为不会受到惩罚，你的脑海里就会出现坏的想法。

这些学生的回答显示，害怕惩罚是平时关心他人的人坚持基本道德原则的唯一原因。但我们在意的难道不应该是即使没人看见也要做好事吗？我更愿意相信大多数人或者至少是我的大多数学生，选择不去抢劫、私闯民宅、偷窥或谋杀是因为关心他人，而不仅仅是因为他们可能会被捕。

这让我想到激励的另一个意想不到的后果：激励可能会掩盖行为的影响。即使没人发现，犯罪也同样会造成伤害。但由于社会建立了犯罪的惩罚制度，我们可能会觉得只要没被抓，犯罪就没事。我们的社会可能会进一步放宽有关吸毒的法律，但吸毒对健康的伤害不会改变。虽然各地的限速规定不同，但无论你在哪里，超速都是危险的。

这种效应也同样适用于正向激励。例如，捐钱给慈善机构是好事，但如果你捐钱主要是为了获取税收优惠，那么税收优惠的激励就模糊了你捐钱行为的目标。因此，虽然设立激励是为了鼓励人们坚持目标，但也有可能会让人们意识不到最初为什么要采取或避免某些行为。

设定激励时要注意这些激励如何影响你对目标的想法以及没有激励时会怎样。你 21 岁了，法律上你可以大量饮酒，但这样做很不健康。虽然违法的负向激励已不存在，但这并不意味着你就应该过度饮酒，破坏自己保持健康的目标。就像不能让激励改变我们的目标一样，我们也不能让激励掩盖行为对目标的影响。问问你自己，如果这些奖励和惩罚被取消，你还会继续做正在做的事情吗？

不确定的激励案例

2000 年，在和丈夫还有两个女儿刚移民到美国时，我很不适应。就像离开水的鱼一样，我感受着强大的文化冲击。我当时特别担心经济问题，因为对于在这个新国家生活要花多少钱，我一直很模糊。虽然不知道开销是多少，但我可以清晰地预知自己的收入。来美国之前我在以色列工作，与美国的年薪制不同，在那里都是按月领取工资的。在以色列时，我的工资单每个月都不一样，我也不知道一年能挣多少钱，但在美国我的年收入是固定的。

虽然在个人生活中我很重视可预见性，但也很好奇固定收入会如何影响工作的动机。固定报酬和可变报酬，哪一个会让你更努力地工作？假设有以下两个工作：A工作给你的工资是10万美元，而做B工作你得到8.5万美元或11.5万美元工资的概率各占一半。大多数人因为对确定性的偏爱，会选择A工作，但当收入不确定时，大多数人会更加努力地工作。

为什么不确定的激励会增加动机？第一个答案来自行为主义。你可能还记得，在很久之前的心理学入门课上，行为主义者确定了奖励的两种基本时间表，即"强化时间表"：第一种，连续性时间表，动物在每次正确反应后都会得到奖励；第二种，间断性时间表，动物只有在某些情况下表现出某种行为才会得到奖励。令人惊讶的是，间断性时间表效果更好。无论你是在教你的狗一个新本领还是在训练鸽子打乒乓球（就像斯金纳曾经做的那样），最好在它们成功做到后只是时不时地奖励它们吃的。这样在奖励变少时它们的行为依然会持续。不知道什么时候会有奖励时，动物们会一直抱有希望，继续按你的要求坐下、待着、保持安静，即使你已经不再给它们奖励，它们也会这么做。

人也是动物，同样的方法也可以用来激励我们自己或他人。例如，用连续性时间表时，每次班上有学生正确回答出问题时我就会说"好答案"；用间断性时间表时，我只会偶尔称赞一下学生的出色回答。在激励行为方面，人和动物一样，间断性时间表几乎总是比连续性时间表效果更好。当奖励与否不确定，数量和频率都可能有变化时，没有奖励或奖励小于预期时人们就不容易产生失望了，因为人们知道不是每次表现好都会有奖励，可以寄希望于下次。

此外，不确定的激励之所以有驱动力，是因为它们更难获得，你需要靠运气或努力工作才能获取。就像适度困难的目标会增强动机一样，不确定的激励会给人以挑战。尽管能否取胜从来都没有定数，但正因为这样，运动员才会保持动力不断努力。

不确定的激励让人兴奋。以去游戏厅为例，我的孩子很喜欢游戏厅，但我谈不上喜欢。我认为玩游戏厅里的游戏机根本就划不来：你向游戏机里投钱，机器发出光亮和怪音，然后你赢一些廉价的塑料玩具，其价值远低于你投的钱。那为什么有很多人就是喜欢玩呢？可能因为这是一个靠运气和一点点技巧的游戏。你不知道自己能赢多少，而解决不确定性会让人兴奋。你拉动或推动杠杆，你扔一个球，幸运的话你会得到更多回报，即赢得更多塑料玩具。

不知道努力是否会有回报，出于好奇心，你想找到答案。不确定性本身并不好玩，没有人喜欢待在暗处不知道会怎样的感觉，但解决不确定性，弄清楚你努力的最终回报，从黑暗走向光明，这在心理上是有益的。

不确定的激励能让人兴奋，它可以促使大多数人更努力地工作。我和沈鲁西（音译）、奚恺元（音译）在一项不寻常的研究中验证了这一现象。我们召集参与者玩一个小游戏。如果他们能在两分钟或更短时间内喝下 1.4 升的水，我们就会付钱给他们。喝这么多水很有挑战性，但对大多数人来说是可以完成的（不用担心，不会对健康带来风险），但参与者不知道，我们向一部分人提供了 2 美元的固定奖励，而向另一部分人提供了 2 美元或 1 美元的不固定奖励，这取决于抛硬币的结果。总体来看固定奖励更划算，喝足够多的水就能获得 2 美元的奖励，而不固定奖励则意味着喝同样多的水只有一半机会获得同样的奖励。结果是，不固定奖励组有更多的人在规定的时间内喝完了 1.4 升水。[37] 这个研究让我们了解到，解决会赢 1 美元还是 2 美元的不确定性，比肯定会赢 2 美元的激励作用更大。

不过，人们通常会选择确定性。我们大多数人会接受有保障的 100 万美元，而不是去买彩票搏一搏赢 200 万美元或者一分钱都没有的可能性。不确定性不一定好玩，但的确能激发行动。

幸运的是，在我们的生活中不确定的激励很常见：申请工作或学校时你不知道能否成功，所以你才会有动力去努力；求婚时你也不知道心上人是否会接受。不知道结果会让你有动力去做到最好。拥抱未来的不确定性吧，因为它会让你保持动力。

问自己的问题

　　激励机制的研究建议我们为追求目标而添加额外理由时要谨慎。虽然激励能激发行动，但太多的激励可能会适得其反，它们会改变或稀释我们追求目标的核心原因，让目标显得不那么紧迫或不那么让人兴奋。此外，动机还可能会妨碍我们认识到自己的行为对目标的影响。确定的激励可能看上去比不确定的激励更有力，但事实恰恰相反。确定的激励会导致习惯化，让人们不再在意是否有激励。记住这些风险，你应该问自己以下几个关于激励制度的问题：

1. 你可以给目标增加什么激励，让自己有更多的理由坚持下去？例如，可以考虑在打完今年的流感疫苗或完成一项重要的工作项目后，奖励自己看场电影或好好地洗个泡泡浴。

2. 考虑你在追求目标中现有的激励，是否改变了你追求目标的意义？如果是，那么就调整激励措施。例如，如果外部激励降低了你读书的乐趣，那么就取消这个外部激励。

3. 你是否在自己尝试的新活动中添加了激励机制？可能这些激励会让你误认为你做这件事只是因为这些激励。如果想弄清自己是否喜欢做这件事，那么取消这些激励。

4. 你的激励措施适合你的目标吗？例如，经济激励就不适合情感关系目标。如果和他人保持联络是有偿的，那我们中的很多人就不会积极保持联络。请取消这些激励措施。

第四章

内在动机是实现目标的重要因素

在《汤姆·索亚历险记》中，有一天晚上汤姆回到家时浑身是土，波丽姨妈很生气，罚他星期六粉刷前院的篱笆。一开始汤姆很沮丧，因为什么都玩不了了，周围的孩子还会嘲笑自己。但就在第一个男孩朝他走来时，汤姆突然灵机一动。

不出所料，汤姆最不想看见的本·罗杰斯走过来开始揶揄他，"我要去游泳，你是不是也想去啊？"汤姆的眼睛盯着篱笆，好像这才是最有趣的艺术项目。他告诉本自己不想去游泳，在这儿更开心。他反问本："谁能天天有机会刷篱笆？"

很快本开始请求甚至乞求要刷篱笆，他把自己手里的半个脆苹果"卖"给汤姆来换这个机会。其他孩子也纷纷凑过来，汤姆开始"出售"刷篱笆的特权，给自己换来了各种宝贝：风筝、弹珠、粉笔、蝌蚪，甚至还有一只独眼小猫。到傍晚时篱笆已被刷了三遍漆，而汤姆几乎连根手指都没动。

在小说的这个著名场景中，汤姆假装刷篱笆是一个让人开心且难得的机会，成功地"骗"小伙伴们替他干完了活。马克·吐温向我们展示了他对内在动机心理学的洞察。他认为："工作是不得不做的事情，而游戏则是由身体没有义务做的事情组成的。"

虽然有这种早期的洞察力，但截至目前在动机科学中人们对内在动机的理解依然很有限。人们用"内在动机"这个词指做某事时不计报酬或者只是出于好奇心，但内在动机的真正定义是：在做一件事时感觉这件事情本身就是目的。也就是说，当你有内在动机时，你是为了做某事而做某事。

内在动机可以说是衡量所有活动参与度的最佳指标。亚当·格兰特发现，内在动机可以增加消防员的工作时间，[38] 提高安保人员在工作中的创造力。[39] 设定有内在动机的目标或使用内在动机的策略时，我们成功的概率也会更大。我们对短期目标（例如上第一堂空中瑜伽课）和长期目标（例如学汉语）感到兴奋，是因为我们想要学，而不是因为不得不学。

以新年计划为例。[40] 每年12月到1月，成千上万的美国人都会制订新年计划。我可以很有把握地说，制订新年计划说明你对坚持这一目标没有太大热情。如果你在1月1日有百分之百的内在动机去做某件事，就没必要制订新年计划了。当然，新年计划就像粉刷篱笆一样，对不同的人内在动机的程度也不一样，而这些不同最为重要。

在一项研究中，我和凯特琳·伍利在3月份追踪调查了在1月份告知我们新年计划的人群。不出所料，目标的内在动机程度与计划的执行程度呈正相关。你可能已经猜到，这一人群中很多人的新年计划是在新的一年里多锻炼，但能否成功坚持主要取决于每个人对锻炼的感觉。喜欢锻炼的人更有内在动机，他们比不喜欢锻炼的人锻炼得更多。其他新年计划也基本如此。但有趣的是，人们认为自己的决心有多重要与他们坚持决心的行动频率并不相关。嘴上说锻炼对健康很重要的人，不一定会比认为锻炼没那么重要的人锻炼得更多。如果你想预测一个人（包括你自己）会有多努力地坚持新年计划，问问他或自己对这一新年计划的实际感受，而不是这个决心看起来有多重要。

这一点对目标设定的意义是明确的。如果你能找到方法让通往目标的道路变得愉快或有趣，你就会有内在动机，自然也会坚持得更久。如果你的目标是做本来就喜欢做的事，这个想法就没太大帮助：古典音乐爱好者可以每天听莫扎特的音乐，体育爱好者可以观看一小时的比赛，冰激凌爱好者可以吃成桶的冰激凌。但我们可以利用内在动机去实现那些我们并不觉得有趣或好玩的目标。如果能找到办法让锻炼、工作、整理凌乱的衣柜这些事变得更愉快，完成这些重要目标就会更容易。

什么是内在动机

把一项活动作为目标本身是什么意思？当你不能把做某件事和做它的好处分开时，你受到的就是内在动机的激励。如果你热爱自己的工作，那你工作的原因就是工作让你感觉良好。同样，如果你喜欢运动出汗，去健身房运动就很容易做到。如果有人问你从工作或锻炼中得到了什么，你会觉得这个问题很奇怪，因为做这件事的主要目标就是这件事本身。在你看来，活动本身和它的目标本来就是融为一体的。

从定义来看，内在动机推动着你走到实现目标的那一刻。在那一刻，你达到目标的活动和目标本身实现交汇，二者完全融合。春天在公园里散步、看烟花、解谜题、美餐一顿和做爱，这些都是你内在动机驱使的活动。做这些事通常可以立即实现它们的目标。如果我问你看烟花是为什么，你会说是因为能看到。但我们做的很多事，内在动机或目标实现的体验性是千差万别的。能让人实现自我的工作或充满活力的锻炼也有一些潜在目标，如获得报酬或健康长寿。对大多数人来说，我们的工作和锻炼只有部分是内在动机驱动的。要想确定某件事的内在动机程度，我们可以问问自己：做这件事本身的感觉在多大程度上是在实现目标，而不是实现目标的一个步骤。

答案取决于人、事情本身和事情发生的环境。比如上面提到的例子，享受美餐本身通常是内在动机在起作用，但如果工作面试中正巧有吃饭环节，你的目标自然就是得到这份工作而不是享受一顿美餐，点餐时你就会避开可能会弄脏衣服的意大利肉酱面，你还要注意用餐礼仪，只小酌几口葡萄酒。因为比起享用一顿美餐的眼前目标，你更关注的是获得工作这样的长期目标。在公园散步或者看烟花同样也可能有其他动机，比如你是在参加伴侣公司的年度活动。至于做爱，如果你在努力备孕，那做爱的动机也就不同了。有其他潜在动机时，你头脑中的活动和目标就是分开的，你的内在动机就会减少。

为了确定你做某件事的内在动机程度，你可以评估一下活动（手段）和目标（目的）之间的融合度。做这件事的感觉是在实现目标吗？如果不是，完成这件事时你觉得离最终目标还有多远？例如，如果你纯粹是为了长期健康而锻炼，那么日常锻炼和你的目标之间就相差了几十年。内在动机不强的活动可能对你也很重要。有些重要的事情虽然是"外在"动机驱动的，但也能给你带来外在的好处，例如年度体检，虽然没什么乐趣，但它非常重要。

为了使内在动机最大化，你还需要了解它不是什么。首先，内在动机并不仅仅是要满足好奇心。这一误解要追溯到 20 世纪中叶，当时的研究人员发现，有时候动物探索环境只是出于好奇而不是外部奖励。他们的结论是：动物通过探索来满足好奇心是内在驱动，其行为本身就是目的。这之后的很多年里，动物探索环境可能是内在动机驱动的这一有效结论被理解成为：内在动机就是通过探索来满足好奇心。

但事实上，虽然探索通常是出于内在动机，但并非所有的探索都是如此。如果说好奇心让你在长途飞行中挤坐在其他乘客中间，去一个你从未见过的遥远世界，你很可能感受到的是外在动机而不是内在动机。与在落基山脉徒步旅行不同，乘飞机去某个地方是达到目的的手段。即使旅行的目的是满足好奇心，但飞行往往会降低内在动机。而且，就像看烟花或愉快的散步一样，有些出于内在动机的活动与好奇心无关。我们知道烟花什么样，每年 7 月 4 日美国国庆日都会看到，但我们还是想看。

内在动机也不仅仅限于先天动机。动机科学家将动机分为先天动机和后天动机。[41] 先天动机指每个人出生时就具有的动机。我们生来就有建立社会关系的动机，也有表达自主性和能力的动机。我们在婴儿身上发现了这一点，婴儿天生就会反射性微笑（出生后的几个星期内会让父母对他们持续关注，一直到他们学会自主性微笑），而学步期的孩子则想要展示独立性（家长都被提醒过要注意"可怕的两岁"），并在身体和认知上面临挑战。与此相反，获得权力、地位和金钱等动机是你在成长过程中从自己的文化和社会中习得的。对动机来源的这一区分，有时常被用来暗示只有先天动机才是内在动机。例如，你可能会认为对财富的追求永远不会出于内在动机。

但事实并非如此。如果去过拉斯韦加斯，你就会发现人们赢钱的动机可能是出于内在动机。赌博并不是你必须做的工作，在赌徒的头脑中活动（赌博）和目标（赢钱）基本重叠，所以赌博本身感觉就是目标。如果你为赢钱而玩游戏，对财富的追求（一种习得的动机）就变成了内在动机。但当无聊的日常工作只是你赚钱的途径时，同样的追求财富的目标就是外在动机。

对什么是内在动机、什么不是内在动机有了更宽泛的理解后，可以观察以下迹象来判断一个人（包括你自己）是否有内在动机。首先，有内在动机时，你会愿意继续手头的任务而不想放弃。例如，问问你自己工作结束时感觉如何，是渴望再多花几分钟完成手头的工作，还是庆幸终于可以收拾东西回家了。动机科学家使用"自由选择范式"来捕捉这方面的内在动机。在这种范式下，研究参与者被告知他们可以在实验结束后选择继续他们的任务或者选择回家。如果他们在完成任务后还选择留下来工作，就像你本来可以下班回家但却选择在办公室待上几分钟一样，我们就可以得出结论说他们有内在动机。

为了了解某人是否有内在动机，我们还会询问他们的经历和感受：你渴望、好奇、享受做这件事吗？做这件事时你感觉更像是游戏而不是在工作吗？你感觉是在实现你的目标吗？如果答案是肯定的，那么你做这件事很可能是出自内在动机。

内在动机的原因

虽然有些事，如锻炼或为赚钱而工作，永远不会是纯粹的内在动机驱动，但我们可以想一想让这些事更接近目标的原因是什么。

如果做某件事能够很快实现一个目标，即使不是你最初设定的目标，做这件事也会让人感觉有内在动机。也许你开始锻炼时是想保持健康，但如果每次锻炼都让你感到精力充沛，那么锻炼和感觉精力充沛就会在你的脑海中成为一个整体，你就会更有动力去锻炼。

这可能会让你想到在实验心理学和行为疗法中使用的条件反射技术。在"操作性条件反射"训练中，人类和其他动物通过重复学习懂得行为会导致奖励。听到铃声时，巴甫洛夫的狗就会流口水，因为它们已经对把铃声与食物联系在一起形成条件反射。随着时间的推移，那些已形成条件反射，将某种行为（锻炼）与某种奖励（感到精力充沛）联系起来的人和动物，往往会更频繁地做出这种行为，而且对行为的感受也会更积极，对奖励的兴奋会转移到导致奖励的行为上。例如，动物研究发现，一只学会按杠杆来获取食物的鸽子，在按下杠杆的时候和在还没获取食物的时候就已经明显感到很兴奋了。和鸽子一样，有内在动机的健身房常客，在还没完成锻炼和体验到健身的好处时就已经开始兴奋了。

当一个目标的完成只能依靠某项活动时，做这项活动也会让人感觉有内在动机。当只有一项活动能帮你实现某个目标，而且只有这一个目标要靠这项活动才能实现时，你就会把这项活动和这个目标紧密联系起来。举个例子，当你冥想的目的是想达到平静状态，而且只有通过冥想才能实现这种平静时，你就会有冥想的内在动机。这种一对一的关系可能会让你想起我们在第三章谈到的"稀释原理"，即服务于多个目标的活动似乎对实现其中任何一个目标都显得不那么重要（你的大脑告诉你，葡萄酒不可能既便宜又美味）。活动与目标的关联性被稀释的另一个结果是，这项活动的内在动机会降低。如果你去公园散步只是为了户外活动，那么相比于上班通勤你也要走路而言，公园散步会给你更多的内在动机。但请注意，太多独特的关联也是有代价的。如果你只能通过冥想才能实现平静，当你太忙没时间安排冥想时，保持平静可能对你就不太容易了。这时候灵活性对于实现你的目标就会很重要，你需要不止一种方式来达到平静状态。

增加某项活动内在动机的另一个重要因素是活动与其相关目标的相似度。活动和目标契合时你就会把二者紧密地联系在一起。如果你的目标是个人成长而不是放松自己，你就会更有动力去学习弹钢琴、打篮球或者学习西班牙语。我们在上一章中了解到，活动与目标不恰当的关联会削弱我们的动机，例如有人付钱让你给祖母打电话，你就会质疑自己打电话的真正目的。在设定目标时要确保你的激励措施、内在动机和目标相匹配。

最后，你什么时间实现目标对内在动机也很重要。你所做的活动和达到目标之间的时间越短，你就会越感觉有内在动机。二者同时发生时你会体验到更强的内在动机。想象一次浪漫晚餐、巴黎度假、智力或情感上的突破以及在阳光明媚的日子去公园遛狗，这些活动都可以立即实现我们与之相关联的目标：和伴侣感觉更亲近、探索新的城市、体会个人成长或者只是单纯的放松。即时满足能够最有效地激发我们的内在动机。

想想平时日常生活中看新闻的例子。现在很多人喜欢看深夜节目，以此来了解世界新闻。当世界发生的每一件事都以笑话的形式出现时，我们对这些事就会更宽容。[42] 为了验证这一点，我和凯特琳·伍利邀请了一些人观看由约翰·奥利弗主持的《上周今夜秀》深夜节目，其中一期是关于国际局势的新闻。我们请一半的参与者思考看这个节目的即时好处可能是什么，比如看节目时他们了解到了这则新闻的什么信息。另一半人的任务是思考看这个节目的延迟好处，比如在接下来的几周，这档节目如何帮助他们了解到了相关信息。这个练习影响了他们在观看节目时的体验。考虑即时好处的参与者在看新闻时感觉更有内在动机。

时间关联是增加内在动机的有力工具。即使是外部激励，早发放也比晚发放更能提升内在动机。相比于几周后才能拿到工资，工作后马上就能拿到工资更让人开心。回想一下过度合理化效应，虽然在人们没期望做某些事拿酬劳时给酬劳可能会削弱动机，但对有偿工作来说，及早给予预期报酬无疑会提升内在动机。如果做事和获利之间的时间差被拉大，那么内在动机就会降低。

如何提高内在动机

一个熟人最近在给我的邮件中提到了她的女儿奥利维娅。奥利维娅住在美国西部的一个乡村小社区，今年29岁，有糖尿病和孤独症。最近她经常在家附近步行2英里（约3.2千米），但之前她几乎从不走路。她不会开车，只有在没人开车送她去附近的超市或餐馆时，她才会自己步行去购物和吃饭。除此之外，她宁愿待在家里，因为她觉得走路很无聊，直到她下载了游戏《精灵宝可梦GO》。

成长于20世纪90年代末的奥利维娅是这款游戏的忠实粉丝，2016年，《精灵宝可梦GO》的游戏软件问世时，她很兴奋地开始玩。这款游戏能够用你手机的定位系统和时钟来追踪你何时何地在玩游戏，然后让游戏中的人物"出现"在你周围，这样你就可以去"捕捉"它们了。下载游戏后不久，奥利维娅就开始了她2英里的步行，她走的是捕捉宠物小精灵的最佳路线。这款游戏给了她一个出去走路的理由，这是她从10岁起就梦想要走的宠物小精灵路线。

不仅是奥利维娅，这款游戏让很多人开始了走路。因为这款游戏，我8岁的儿子和我也开始在家附近走路。这款游戏一经推出就异常火爆，研究人员估计，2016年夏天游戏最火爆时美国人比往年多走了1440亿步。[43]这款游戏风靡一时，以至有人开始指责它让太多行人在街上走路时心不在焉。

这款手机游戏之所以能够击败其他运动应用程序，激发了这么多人去锻炼，是因为它把走路变成了游戏，从而启动了人们的内在动机。有三种方法可以让无聊或困难的活动变得更有内在动机。第一，我们有一个恰当的命名为"让它变得有趣"的策略。顾名思义，这种方法就是让活动变得有趣。"让它变得有趣"策略把即时激励（即小目标）与我们所做的活动积极地联系起来。利用我们对即时满足的需求，这种激励使枯燥的活动变得有趣，从而使这项活动本身变成了目标。在一项研究中，伍利和我鼓励高中生做数学作业时可以听音乐、吃零食或者用彩笔做，虽然我们的做法引起了他们一些老师的不满，但我们发现，学生们的学习时间更长了，做数学作业也变得更有趣，因为这种方式能给他们带来即时的听觉、味觉和视觉上的享受。对《精灵宝可梦GO》的玩家来说，抓住宠物小精灵就是即时激励。

我们经常会使用这一方法把目标和诱惑绑在一起，让我们把要做的事变得好玩且有趣。例如把锻炼和看电视、把做作业和听音乐绑在一起就是"诱惑捆绑"。[44]如果你约束自己只能在追求目标时才可以做有诱惑力的事，这个方法就会很有效，例如，你只允许自己在回复一堆工作邮件时吃一块巧克力。诱惑会增加你追求目标的内在动机。但问题的关键是激励必须是即时的，否则即使加大了延迟奖励，如在工作周结束时吃 5 块巧克力，也不会起效。

动机科学工具包中的第二个方法是找到一条有趣的途径。当设定好一个目标，且必须想出实现目标的途径时，你可以把即时享受考虑进去。例如，想加强锻炼就要考虑更有趣的锻炼方式。与其在健身房费力地蹬自行车不如试试动感单车课，欢快的音乐会让你更加投入地锻炼。纽约的一些动感单车训练房，为喜欢重金属音乐的学员开设了"疯狂单车"课。在课上，伴随着震耳的重金属音乐，学员快速地蹬着单车。这一方法很有效。伍利和我在一项研究中发现，选择自己喜欢的举重运动的健身者，比选择自认为最有效运动的健身者可以多完成约 50% 的重复举重动作。[45] 当然你还是要选一项最终能帮你实现目标的活动。如果你是为健身而锻炼，低强度的瑜伽可能不太适合。如果有多项活动可以达到同样的目标，那么就选择你觉得最有趣的那一个。

第三个方法是注意已有的乐趣。做一件事时，如果你关注的是即时利益而不是延迟利益，你可能会更有内在动机也更有可能坚持下去。例如，你打算多吃胡萝卜，如果你关注的是你喜欢吃胡萝卜的原因，如口感脆甜朴实，而不是胡萝卜是健康食品或者它可能会改善你的视力，你就会更愿意吃胡萝卜。这恰恰与伍利和我在一项研究中发现的一致。我们请参与者在两袋相同的小胡萝卜中进行选择，一些人选看着更好吃的那一袋，而另一些人则选看着更有益健康的那一袋。选看着更好吃的胡萝卜的那组人比另一组多吃了近 50% 的胡萝卜。在选择时只要把注意力集中在即时的积极经验上（如果有的话），就能帮助你坚持自己的目标。

当然，长大后我们都知道生活不是派对，我们做的每件事并不是都有内在动机。第一次怀孕时，我以为生第一胎会是一种奇妙的经历，毕竟很多人会说分娩是一个美好的奇迹。但我很快意识到，怀孕其实是一段漫长的痛苦过程，只不过结局美好，令人期待。幸好你不需要有内在动机来完成这项工作。当走过一段痛苦但相对短暂的历程时，不用去想着提高内在动机，多想想完成后就可以做别的事了。

此外，虽然内在动机可以帮助我们做到更好，但如果我们的计划是达到最基本的要求，那就不需要内在动机。作为一名商学教授，我和很多职场员工交流过，他们告诉我做自己讨厌的工作感觉自己就是"工资奴"。但除非有更好的选择，否则他们通常也不会辞职。担心失业会让很多员工有足够的动力按时去上班，他们不会尽力做好，但也不会轻易辞职。

纠正迷思和误解

尽管以往研究已给出强有力的证据，但关于内在动机的力量仍然有很多迷思和误解。例如，人们常认为别人不像他们那样关注内在动机，或者他们预计自己将来不会像现在一样关注内在动机。如果能意识到这些迷思和误解，我们就能与别人更好地沟通，也能更好地设定可以坚持到底的目标。

当拿自己和别人比较时，我们倾向于认为所有人的行为方式都相似，但我们还是会认为自己的积极品质高于平均水平或一般人，这是一种叫作"优于平均水平效应"的偏见。谈到任意一种积极品质，例如慷慨，大约有一半人低于平均水平，而另一半则高于平均水平。我们大多数人不太可能比平均水平的人更慷慨，但你遇到过自认为不如别人慷慨的人吗？（顺便提一下，从统计学上看，大多数人可能都高于平均水平但不会高于中位数，因此将这一现象称为"优于中位数效应"可能更准确。）

这种优于平均水平的效应随处可见，即使是被判有罪的因犯，也认为自己比未入狱的普通人更有道德、更值得信赖、更诚实、更有自控力。[46] 我们都喜欢用积极的眼光看待自己。

谈到目标和动机时，我们同样认为自己有更强的动机和更紧迫的目标。在工作场所，虽然我们知道每个人都想加薪，但多数人错误地认为加薪对自己比对大多数同事更重要。即使知道别人也想做自己有兴趣的项目，我们也会认为自己比他们对工作兴趣更为关注。

有关动机的研究人员知道人们容易受优于平均水平效应的影响，他们想了解，在内在动机上人们是否会认为自己的动机比别人强。你是否会认为你比别人更关注自己的工作有多有趣，你对薪水的关注程度也比一般人稍高一些吗？事实证明，情况确实如此。几乎每个人都认为与一般人相比，自己对内在动机的关注度明显高于对外在动机的关注度。

每年我都会让我的学生评估，与其他同学相比，他们对不同工作动机的关注程度。他们需要评估对外在激励的关注程度，比如工资和工作稳定性，也需要评估对内在激励的关注程度，比如学习新东西或做让自己感觉良好的事情。大多数学生认为，不管是外在因素还是内在因素，对他们都比对其他同学重要，但这种偏见在内在动机上表现更明显。虽然他们知道其他同学也关注工资和工作稳定性，但他们没有意识到，其他人也和他们一样在意学习新东西或者对工作的感觉。

如果我们意识不到别人也关注内在动机，别人也想和自己喜欢的人一起做有趣、有意义的事，就会影响到我们与家人、朋友和同事的关系。[47]如果父母低估了学龄期孩子的内在动机需求，认为他们关心的只是拿高分而不是希望获得有意义的人生经历，就可能会破坏亲子关系。在工作中，雇主和员工如果低估了彼此的内在动机，组织内部不同层级间的互动就会受到影响。一项研究发现，求职者在面试时会低估内在动机的重要性，[48]原因在于，尽管求职者希望受到内在动机的驱动，但他们低估了招聘人员对内在动机的关注度，忽略了招聘人员想看到求职者能表现出内在动机，他们认为雇主想找的是在工作中有野心、想进取的人，因此在面试时会忽略提及这份工作对他们的意义所在。

为了克服内在偏见，我们需要换位思考，问问自己如果我们是他们会优先考虑什么。虽然有时我们意识不到他人与我们不同，比如在饮食偏好和政治观点上，但谈到内在动机时，要记住，多数人的想法和我们一样，从别人的视角出发能帮助我们去理解他们。

我们不仅会低估别人的内在动机，也常常会忽视自己未来的内在动机。我们大多数人都知道内在动机在当下很重要，但很少能意识到它在未来也很重要。

很多人觉得能和自己喜欢的同事做一些还算有趣的工作，是让他们每天起床去上班的动力。但如果你讨厌自己的工作，那么无论你多喜欢这份工作的薪水和额外津贴，起床都会很难。但在考虑申请未来的工作时，你会在多大程度上优先考虑要和自己喜欢的人一起做一些有趣的事情呢？如果你和大多数人的答案一样，那就是"不太会"。考虑申请未来的工作时，我们往往是根据薪酬等经济利益来选择职位，而把个人享受等内在动机放在低优先级上。

如果低估了做有内在动机的事对你的重要影响，你之后可能会后悔自己做出的选择。在一项探索这种可能性的实验中，我们让参与者选择听披头士乐队的《嘿，朱迪》还是听一分钟很吵的警报声。这似乎很好选，但在研究中，大多数人出于外部动机选择了听警报声，因为这样就可以多拿10%的酬劳，他们想让自己参与实验的收益最大化。与那些选择听歌而得到低酬劳的人相比，听警报的人更有可能会后悔自己做出的决定。虽然我们的参与者预测他们会更在意金钱而不是听什么，但最终显示他们其实更在意的是听什么而不是得到多少钱。

如果选择外在激励而不是内在激励，后悔并不是唯一的糟糕结果。如果选择对自己更有利而不是自己喜欢的任务，我们很有可能没办法坚持到底。在另一个实验中，我们让研究参与者在阅读笑话并对其评价和阅读计算机手册之间做出选择。参与者预测，不管是评价笑话的有趣任务还是阅读计算机手册的无聊任务，哪一个酬劳更高他们就会坚持更久。但实际上，酬劳对他们的坚持程度没什么影响。几乎每个人都是在有趣的任务上而不是在无聊的任务上花了更多的时间，也赚了更多的钱。[49]

意识不到未来的自己会有多在意内在动机，这件事与"共情缺口"有关，即可能会低估当前没体验到的经历的力量。例如，你现在感觉很热，就很难想象下次去阿斯彭滑雪会有多冷，所以你可能就不会带上你那件最厚实的毛衣；早上坐进车里开始长途旅行时，你无法想象疲劳感来袭时你会有多痛苦，所以你计划要长时间驾驶。我们也不会想到情感经历都是暂时的。如果有人伤了你的心，你可能会认为自己会一直这样伤心欲绝。你想象不到或至少现在还想象不到，你最终会忘记这段恋情并再次坠入爱河。

对未来的自己缺乏同理心指的是你会低估自己未来对内在动机的关注度，尤其是在你现在一切都好的情况下。这样的结果就是，在你的想象中，未来的自己和别人一样都很"冷漠"，只关注获取外部利益，而不关心是否有乐趣或感兴趣。如果你对未来的自己的设想更偏重现实，别忘了提醒自己缺乏内在动机时任何目标都很难坚持，这样你在设定目标和选择行动时就会做出更明智的选择。增加对未来的自己的同理心，一个方法是，设定目标时你的状态要和执行目标时的状态相似，比如在工作状态时去计划换工作，没完全吃饱时做你的节食计划。记住，内在动机会让你坚持下去并努力做好，你就会做出更明智的选择。

问自己的问题

从定义上看，内在动机指的是做某项活动的本身就是目标，它是我们能够坚持目标的重要因素。在设定目标时，我们希望这一目标能令人兴奋并提供一些即时满足。但我们常常低估内在动机对我们行动的驱动力，因此在设定目标时，我们不能充分利用内在动机。为了提升把目标坚持到底的可能性，你可以问问自己以下几个问题：

1. 怎样能让你的目标有即时奖励？例如，你可以在日常锻炼时听听音乐、播客或其他有声读物。

2. 追求目标最有趣的途径是什么？例如，你可以报名参加水中有氧运动课，而不是去买一台跑步机。

3. 追求目标时还有什么即时的好处？例如你可以将注意力转移到锻炼的某些方面，比如你在锻炼时体验到的愉悦感。

4. 你能够提醒自己，别人和你一样、未来的你和现在的你一样都关心内在动机吗？这样的提醒将会帮助你给自己和他人设定可实现的目标并改善你们之间的关系。

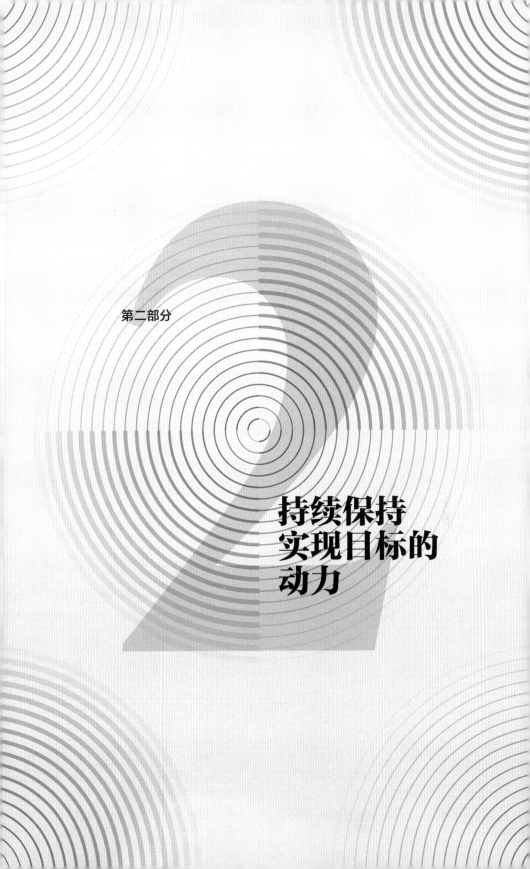

第二部分

**持续保持
实现目标的
动力**

1949 年，以色列建国几个月后颁布的《国防服务法》中规定，国防部队有权招募所有以色列公民，无论其性别是男还是女。正是因为这一规定，在 18 岁时，仅经过两周的基础训练我便开始了在以色列国家安全局的工作。

如果你把我想象成一个帅气的女间谍，腰里别着枪，坐着飞机在各国之间往返，那就不用想了。我所谓的军事任务就是一份办公室工作（尽管我确实学会了开枪），把情报报告从我的收件箱转到发件箱再转到别人的收件箱。那时候网络还没普及，收发件箱就是我桌上的盒子，我做的就是文书工作。

我被分到这个工作，只是因为之前参加的几次测试。军队在分配工作时会考虑不同人的喜好，但我说不出有什么喜好，因为我发现这里的所有工作与我的人生目标完全无关。我压根儿就不想服役，在这里工作也只是因为法律规定。和以色列国防部的大多数军事工作一样，我的大多数工作任务也极其无聊，坐班时间长，但其实没什么事可做，我最大的挑战就是要琢磨怎么打发时间。

作为一名以色列女性，法律规定我要在国防军队服役两年，无论每天的工作有多无聊也不能离职。为了让自己有动力，我会在我命名为"绝望日历"的上面倒计时数着下一个假期。虽然听上去很让人沮丧，但事实证明这还是个不错的点子。

无论你设定的是一个改变人生的目标，如成为一名医生，还是一个普普通通的目标，如回复未读邮件，你都需要从 A 点（医学预科课程作业或 100 封未回复的邮件）到达 B 点（医学博士或整洁的收件箱）。在这一过程中，你如何保持自己的动力呢？就我而言，为完成义务兵役后能继续我的生活，我把注意力放在了监控进展上，也就是看一看我在每个假期之前还剩下多少天。

监控进展对于保持动力很重要。感觉在实现目标上有进展时，我们就会有动力勇往直前。但有时很难看出进展到底有多大，我们就可以借用一下时钟的比喻。看时钟的秒针时很容易看到时间的流逝，但如果只观察时针的细微运动就很难看得出时间的流逝。将一个小时分割成秒，将一个目标分割成更小的单位或子目标，会帮助我们更容易看到自己的进展。就像第二章中提到的，为目标设定一个数字指标也会有帮助，因为目标明确时我们更容易监控进展。在读一本书时你可以说已经读了 25% 或者说还有 75% 要读，不管怎样说，都比你说读完开头了更能传达出已有进展的感觉。当我在军队服役时，盯着一个又一个假期，就可以把两年服役时间分割成不同假期之间的时间，每六个月为一个阶段。在第五章中我们将详细探讨取得进展和识别进展是如何帮助我们保持动力的。

虽然取得进展本身很重要，但如何监控它也很重要。记录进展的方式，即记录已完成量还是记录剩余量，会影响你保持动力的能力。

比如，你告诉自己已读完一本书的 25% 还是有 75% 要读，这很重要。事实上，有很多阅读应用程序可以清晰地提示你，例如你已阅读本书的 28%。在第六章我们将了解到，将注意力集中在即将到来的下个假期而不是从上个假期到现在过了多久，这是不是算使用了正确的策略？玻璃杯半满和玻璃杯半空的心态哪个更好？我们会找到答案。

无论你如何监控进展，在起点和终点时保持动力都会相对更容易。第七章将会讨论"中间问题"，也就是我们如何避免卡在中间。

最后，为了不断前行，我们还需要从成功和失败的行动中获取反馈。就像我们常听到的，"不能忘记过去，而是要从过去中学习"。但人类通常很难从错误中吸取教训，我们往往会抑制和忽视负面反馈，更多地去关注正面反馈。第八章将会讨论我们对正面反馈和负面反馈的不对称性，以及学习和应对这种不对称性。我们会学习一些策略帮助自己从失败和挫折中获取最大收益，从而能够在未来做得更好。

第五章

通过监控进展来自我激励

差不多每周一次，我会暂时放下在芝加哥大学办公室的案头工作，起身去学校餐厅喝上一杯水果奶昔，但其实我并不爱喝奶昔。虽然知道里面的水果和蔬菜有利于健康，但它的口感不能刺激到我的味蕾，也并不吸引我。那为什么我还要经常去买呢？

因为学校餐厅有个很有效的奖励计划。去年餐厅发给我一张小卡片，承诺买十杯奶昔后免费送一杯。刚开始我很少会想到这张卡片，心想反正自己也不爱喝。但在我喝过几次奶昔，卡片上盖了几个戳后，我发现自己买奶昔的次数开始增多，离兑换免费奶昔越近时我就越想去买。

在动机学中我们称这种现象为"目标梯度效应"，即取得的进展越多，你就越渴望继续，这一点在人类和动物身上都能看到。[1]克拉克·赫尔发现，迷宫里的老鼠越接近奶酪时跑得越快；我的狗从远处看到我时，随着我们的距离越来越近，它会越跑越快。

你在实现目标的时间表上所处的位置、你取得了多少进展、还差多少没完成，这些都会影响你是否会放弃。想想那些大学辍学生。[2]

美国的大学生中有近一半不能毕业。他们蒙受了双重损失：支付了部分学费但没获得大学学位可能带来的经济收益。从经济角度看，他们只完成了学位要求的部分工作，还不如根本没去上大学划算。虽然人们离开大学的原因各不相同，例如有些人是因为付不起学费，但中途辍学的一个主要原因是，读大学学位有点像连续四年爬陡峭的山，看不到进展时人就很容易气馁，因此很多学生在第一学年结束之前就辍学了，因为那时候他们在实现目标上取得的进展最小，他们在山脚下就看到了这条路太陡、太难走。但如果已完成徒步旅行的第一段，就像大学新生已完成第一年的学业后，你会更有可能继续前行。

为什么进展会鼓励我们更努力地工作而且更不可能放弃？其中一个原因是当我们一步步取得进展时，我们朝目标采取的每一个行动似乎都对实现目标有了更大的影响；另一个原因是追求一个目标会增加我们对该目标的承诺。

进展增加影响

对目标的实现可能会有潜在影响是行为背后的强大动机。在努力接近目标时，每一个离终点更近的行为都会让我们感觉比之前行为的影响更大。在买第一杯奶昔拿到奖励卡片时，我赢得的是 10% 的免费奶昔（十分之一）；买第七杯时我赢得的是占剩余购买量 25% 的免费奶昔（最后四杯中的四分之一）；当然，买最后一杯即第十杯时我拿到了 100% 的免费奶昔。很多人都有过类似经历，例如在当地咖啡厅办会员卡或者在航空公司积飞行里程换免费航班。每次点一杯喝的或者每一次飞行都会对你获得奖励产生更大的影响。

我们之前提到的大学生，也同样感受到了每通过一门课程所带来的影响。随着每个学期的结束学完了更多课程，他们距离获得学位的目标就又近了一步。完成大学一年级的学习，你就获得了四年制大学学位的四分之一，而完成最后一年的学习后，你将最终获得学位。开始大四学年时，你期望用一年的学习换取大学学位，这比你完成第一学年时得到的要多得多。无论你想要的是一杯免费咖啡还是一张文凭，之后取得的进展越大，你花的钱就越值得，你的努力得到的回报也就越多。

即使是幻想着进展也会增加动机，因为这能让你感觉比实际更接近目标。如果从开始申请大学时算（通常是大学新生开课的一年前）到最终拿到学位已取得的进展，那么你在大一结束时已经完成了目标的40%，这么设想的话，你需要五年完成的大学学业已经过去两年了，但从大一开始算的话你只完成了25%。从中我们学到的就是，要仔细选择如何衡量自己的进展，夸大一点已完成工作的比例，你会觉得距离终点更近。

我们再回到咖啡厅会员卡的例子。在一项实验中，拉恩·基维茨、奥列格·乌尔明斯基和甄瑜煌（音译）与纽约的一家咖啡厅合作，检验了虚幻进展的激励效应。[3]咖啡厅给顾客发放了买十赠一的奖励卡，其中一半人收到的是有 10 个空格的卡片，而另一半人收到的是有 12 个空格的卡片，但有两个空格已盖戳，所以严格意义上讲这两种卡的奖励作用和机制相同。拿到两种卡的顾客，都需要在这家咖啡厅购买十杯咖啡，集齐十次盖戳才可以得到一杯免费咖啡，但已有两次盖戳的卡对顾客的吸引力更高。拿到这种卡的顾客认为自己更有优势，会更频繁地回到咖啡厅，比拿 10 个空格卡片的顾客以更快的速度完成卡上的十次盖戳。当 12 个空格中有 2 个已被盖戳时，顾客会觉得他们还没开始就已经完成了 16% 的目标。因为他们相信自己离奖励更近些，也就更有动力奔向终点。

以上例子都属于"全有或全无"型目标，无论是在奖励卡盖上最后一个戳还是从大学毕业，抑或像你家的狗或我家的狗一样在漫长的一天结束后又可以见到主人，目标结构都是只有在完成目标时才能获得奖励。在类型上它们不同于"累积"型目标，例如每周锻炼 5 次或今年读 20 本书。

全有或全无型目标的收益取决于目标能否实现。即使你几乎拿到了奖励所需的所有分数，你还是什么也得不到；除非你能通过所有必修课程，否则你还是毕不了业。距离目标越近时，你剩余努力的回报就会越大。当你一步步取得进展时，全有或全无型目标就越发能够激励你。

相比之下，累积型目标则可以让你在前进的过程中不断获得收益。如果你是为了健康而锻炼，那么每次锻炼你都可以慢慢累积这些益处；如果你打算今年读 20 本书是因为你想多读书，那么每本书都是一个小目标。虽然从累积的目标中获得的收益随着时间的推移会不断增加，但"边际价值"即每个具体行动（如读书或锻炼）的附加价值或收益则通常会下降，经济学家称之为"边际价值递减"。你这周的第一次锻炼比第五次锻炼对你的健康影响更大，完成一次锻炼还是不锻炼的差别，相比于完成第四次还是第五次锻炼的差别，前者对你的身体健康意义更大。如果你把目标定为一年读 20 本书，对你的智力成长而言，读一本书还是不读书的差别要比读 19 本书还是 20 本书的差别更大。今年读了一本书的人，比一本书都没读的人明显更好学，但读了 20 本书的人，也只是比读了 19 本书的人多学了一点，你这样想也是对的（尽管差了一本书没能实现读书目标会让人失望，这就像我们在第二章里提到的"差了一点未达目标"）。如果目标是一年读 20 本书，那么你今年读了 30 本书，你可能就会觉得有点太过了。

就累积型目标而言，即使离目标只差一点，我们也依然可以获得追求目标的大部分好处。追求这些目标时你不一定期望进展能增加动机。的确，如果我们认为上大学是为了受教育这样的累积型目标，而不是为了拿学位这种全有或全无型目标，最后一门必修课对我们智力发展的影响也就会最小，我们甚至可以不上这门课。但即使是累积型目标，取得进展往往也会增加动机，只是原因和方式不同罢了。

进展会增加承诺

如果到目前为止，你在追求目标的过程中没有任何进展，甚至连虚幻进展都没有，该怎么办呢？也许你在一开始就拐错了弯，反应过来时你发现自己离目的地还是和刚出发时一样远；也许你想上一门在线课程，但不小心点了错误的链接；也许你网购了一件新毛衣，但衣服在邮寄过程中弄丢了，卖家取消了订单，并问你要不要换一件。追求目标的行为本身会激励你在没有进展的情况下继续努力吗？事实证明，会的。

人们会有一种倾向，因为之前有投入就会继续为之努力。如果你已支付了一个在线编织课的费用，你就会选择继续上课，即使发现自己并不喜欢编织，我们把这种现象叫作"沉没成本谬误"，[4] 就是指感觉自己已经走了很远，但依旧停不下来，或者因为已经投入了所以要继续下去，不管你是否在逐渐接近目标，也不管这对你是不是最好的选择。

从"谬误"一词可以看出，仅仅因为你已经在做某事而增加动机往往并不符合你的最佳利益。如果你做某事只是因为你已经投入了，而不去考虑也许更好的选择，你就陷入了沉没成本谬误。[5] 这种谬误可能是一些平常小事，例如鞋子贵所以不舒服也要穿，因为剩菜再热会不好吃，所以你吃饱了也要做到光盘；也可能是一些重要的事，例如继续不赚钱的投资，因为已经亏钱所以希望有可能回本，或者继续一段不健康的关系，因为你在一个开始就不应该约会的人身上投入了太多。

经济理论认为，过去投入的已无法收回的资源，即沉没成本，不应该影响你现在是否要坚持的动机，但确实会有影响，我们又一次在动物和人类身上看到了这种行为。在一项实验中，研究人员使用了三组不同的实验对象，即人类、大鼠和小鼠（当然是在不同的实验室里），给他（它）们分别设置了奖励任务（啮齿动物是得到食物，人类则是看有趣的视频片段）。[6] 实验对象在等待时，研究人员会给他们机会选择换成另一种更好的即时奖励。

虽然对实验对象来说，一旦有更好而且即时可得的奖励，他们就应该选择这种奖励才对，但无论是人还是老鼠，大多数都会继续等待第一种奖励或者至少要先等一会儿，等的时间越长，他们得到奖励的可能性就越小。老鼠等待原味食物的时间越长，就越不可能进入迷宫中找到能吃到巧克力味食物的区域（和大多数人一样，相比原味食物，老鼠更喜欢巧克力口味的食物）。而人类参与者如果等待看一段稍感兴趣的视频（例如自行车事故）的时间越长，就越不太可能停止等待而换成看他们更感兴趣的视频（例如小猫）。

即使我告诉你，继续下去已明显对你不利，不行就忽略沉没成本吧，恐怕你也很难做到。明知道放弃是理性的最佳选择，你也会因为放弃而自责。为什么？因为投入是一种承诺。有一种观点可以用来安慰我们自己：不能放弃已经投入的事物通常源于适应性动机原则，即只要投入就能增加动机。这可能是一件好事。我们回首自己为目标付出的努力时，即便没能取得多大进展，对目标的追求本身也会给我们发出继续下去的信号，我们可以用这些来增加自己对想要实现的目标的承诺。

目标承诺有两个要素：目标必须有价值，并且可实现。承诺度高的人很关注对目标的追求，这对他们个人而言很重要，他们会给目标赋予很高的价值，相信自己有能力实现目标，也期望自己能够做到。如果目标足够有价值，成功的可能性也足够高，那么这个目标就值得他们去付出努力。

要判断一个目标是否有价值，你要去看自己过去的行为。如果你不重视它，那如何解释目前为止你为这个目标所付出的努力？有时，因为过去的行为增加了目标的价值，可能会让你违背当前的利益（你可能会发现自己还在为已经输了的那场选举而努力）。但通常情况下，过去做的事会让你对目标保持一个健康的承诺（你就可以在一段时间内坚持这一目标或你的职业）。你在过去所做的说明你的目标有可能实现，毕竟你已经取得了阶段性成功。由此推断你的目标有价值而且你也能做到，这有助于兑现你的承诺。进一步讲，即使你的投入只是让目标显得更有价值或更可行，你也会有更强的承诺感，反过来有助于保持你的动机。

例如，在第一次约会被对方拒绝后，你会很难相信找到浪漫伴侣的目标能实现，但这也告诉你自己很希望找到伴侣。你参与了一个目标导向的行动，即使没有取得任何进展，但你的行动告诉你目标即使现在不可行也是很有价值的。行动只要有可能成功，你对目标的承诺就会增加。你知道自己在意这一目标，也知道自己可以实现它。第一次约会不行就第二次，你终会邂逅一段感情。

社会心理学的两个经典理论在投入如何产生承诺方面提出了类似的观点。第一个是利昂·费斯廷格的认知失调理论。[7] 这一理论提出，当我们的行为与信念不一致时，我们会改变自己的信念去匹配行为。我们不喜欢说一套做一套，所以会努力避免认知和行为之间的不协调或不匹配。想想人们对堕胎的看法。如果有人做过堕胎手术，她们就更有可能支持堕胎。生理性别和自我认知性别均为男性的人不可能堕过胎，认知失调理论可以解释为什么他们不太可能支持堕胎权，为什么反对堕胎权的男性比女性多。[8] 应用在动机方面，认知失调理论显示，我们倾向于采用与过去行为相匹配的目标，而放弃与之不匹配的目标。

第二个经典理论是达里尔·贝姆的自我知觉理论，这个理论在行为如何影响目标方面提出了类似观点。[9] 这一理论的基本原则是，我们了解自己的方式和了解他人的方式一样，都是先观察行为再解释行为。如果你看到我遛狗，你会认为我是个爱狗人士，用类似的逻辑，如果你自己遛狗（而且还很开心），你会自认为是爱狗人士，即使你最初的动机是遛狗挣钱。我们常常很难充分觉察到甚至有时候会忘了我们行为的最初原因。自认为是爱狗人士的遛狗者会忘记自己最初遛狗是为了挣钱；为了给约会对象留下好印象而参加政治集会的人，之后可能会忘记这一最初动机，反而认为自己是在支持某一项事业，这也意味着他们将来还会支持这项事业，即使他们已经开始和别人约会了。

行动创造承诺的理念是说服的基本原则。无论你是想说服一个朋友、一个团队，还是想让整个社会去接受一个目标，你可以首先让他们采取一个与目标一致的行动，这一行动将增加他们对最终目标的承诺。在差不多50年前，乔纳森·弗里德曼和斯科特·弗雷泽做了一个经典实验，先请人们在自家的前窗放一个写有"安全驾驶"的小标语，之后再请他们在前院放一个"小心驾驶"的大标语，要比直接请他们在前院放一个大标语，会更有可能得到他们的同意。虽然安全驾驶一直是社会关注的问题，但可能并不是你优先考虑的目标。根据这个实验，一旦你在提升人们的安全驾驶意识方面答应了一个小请求，这件事在你心目中的分量就会重很多，科学家把这种现象叫作"脚进门"（意指"成功的开始"）的说服技巧。[10]

在募集小额象征性捐赠或收集请愿书签名时，慈善机构用的同样是我们的一贯行为倾向。虽然慈善机构看重的可能是大量的小额捐赠，因为这可以展现出慈善事业得到了公众的广泛支持，但它们通常的目标或希望是，这些今天能提供小额象征性帮助的人们，日后就有可能支持慈善机构的目标，并提供更多实质性的帮助。通常情况下，你会珍视过去参与过的事业。种下一棵树，你就是支持造林的粉丝；救下一只宠物，你就是在保护整个物种。

即使是在追求回避型目标时，行动也能增加承诺。能够成功避免不希望的状态越久，你就越会坚定地继续避免它。过去你涂了防晒霜能有效避免晒伤，那以后天气晴好时你也一定会涂抹防晒霜后才出门。负强化是有效的。我们晒伤后会很痛苦，下次就会涂上防晒霜。即使你的房子从没遭遇过入室盗窃，你也从没体会过回家时发现被盗的痛苦，但每次锁门时，你也是在继续保持这个习惯以保护自家的安全。我们知道，当我们可能也有能力避免某种不希望的状态时，继续避免该状态的承诺就会增加。

努力想提升自己的承诺和动机时，无论实际进展如何，只要想想为了目标你已付出的努力，就会增加你的成就感。在一项探索关注如何影响进展的研究中，古民贞（音译）和我询问了芝加哥大学的一组本科生，请他们回答学习要考试的课程动力有多大。想着自己已经看完一半学习材料的学生，比那些想着还有一半学习材料要看的学生更有动力继续学习。[11] 由此可见，回头看看而不是只向前看会让你更有承诺感和动机。

进展不足也会增加动机

我们在前面探讨了进展或进展假象是如何增加动机的，但如果你还没有取得进展呢？事实证明，有时落后的感觉也能激励行动。试想一下，有一天你无意中低头看了下地板，这时你看到一大堆灰尘或头发。也许那一堆灰尘或头发会让你仔细打量一下家里，你会想起自己已经有阵子没打扫房间了，你又看到浴室的水槽处有浮垢，餐桌上有咖啡渍，你就会立马伸手去拿扫帚。

我们追求某些目标是因为自己做得很好，但有些目标的追求，例如打扫房间，是因为你落后了。理想状态（干净）和当前状态（肮脏）之间的差异告诉你该采取行动了。但当你的房子比较干净时，你就不会觉得有必要做清洁。

心理学中的控制论模型描述了如下动机系统模式：检测到当前状态和目标状态之间的差异或者说发现缺乏进展时会激励行动。[12] 回想一下第二章提到的 TOTE（测试—操作—测试—退出）模型。这一模型下的心理就像一个控制着你办公室或家里温度的恒温器。当前温度与你期望的温度有差异时，恒温器就会发出信号让供暖系统开始工作；达到舒适的室温后，恒温器检测到无差错状态，系统就会自动保持静止模式。察觉到自己现在的状态和需要实现的目标有差距时，或者说发现进展不足时，你的大脑也会开启同样的模式。

对于回避型目标，缺乏进展有时也可以增加动机。这类目标需要加大当前状态和不希望的状态之间的距离，例如生病、孤独或贫穷。这种情况下，你可能会因为过于接近希望避免的状态而增加动机。感觉不舒服时，你会有动力去看医生，从而让自己更健康；感到孤独时，你会有动力给朋友打电话；感到贫穷时，你会有动力去找一份收入更高的工作。

和关注取得了多少进展一样，关注没取得的进展有时也能帮助你保持动力。回想一下上述研究，如果大学生关注的是他们学了多少而不是还有多少没学，他们就会更有动力为考试而学习，但有一点我没有提到，我们当时问的是对他们不太重要的一门考试，只要通过就可以，所以他们没有动力去拿 A，但当我们问的是一门非常重要的考试（不是通过不通过，而是字母评分制，考试成绩会影响他们的平均学分绩点）时，我们发现了相反的模式。关注自己还没学的部分的学生，比那些只关注已学过部分的学生更有学习动力，这时候缺乏进展更能激发动力。如果你面临的是一个非常重要的目标，根据你还没有完成的部分来制订进度计划，比想着已完成的部分可能更能激励你去努力。

情绪提示目标进展

我们现在已经了解到，虽然进展通常有助于保持动机，但有时缺乏进展反而会更有效。在下一章我们将深入讨论如何监控进展，并确定在什么情况下有进展能激励我们，什么情况下进展不足更能激励我们。现在我们先来看一下情绪如何在监控进展中发挥作用。

情绪是一种感觉系统。感觉良好时，我们会预判事情顺利，这种感觉可能因为天气好、爱人在，也可能因为我们的目标有进展；感觉不好时，我们知道事情不对劲。如果对目标的进展感到沮丧，我们就知道自己落后了。

这并不是说在目标实现之前追求目标的感觉会让人感觉很糟。如果真是这样，我们很少会感觉良好。在此过程中感到快乐、兴奋、宽慰或者自豪都很常见，也很重要。事实上，在实现目标的过程中产生的积极情绪甚至可能会超越到达目标终点时的感觉。这告诉我们对目标的积极或消极感觉不是由与目标的绝对距离决定的，而是由实际进展速度和预期进展速度之间的差异决定的。而对于你所追求的目标的进展，如果你感觉良好，那是因为你已经超出了预期进展；如果感觉不好，那是因为你比预期的已落后太远。

我们的很多目标需要长期规划和持续努力。我们可能要努力几个月甚至几年，但不管在哪个时间点，我们都可以将实际进展速度与预期进展速度进行比较。比如你决定学习俄语，并希望几个月后能进行简单对话，那么如果这时你只能从 1 数到 10 或者只能说出几个颜色，你可能会失望，但如果你在学习一周后就能说出数字和颜色，你可能会为自己的进步而感到自豪。

回顾一下第一章，你正在实现或未能实现的目标类型可以帮助你理解自己体验的具体感觉。[13] 追求趋向型目标时，快于预期进展会让你感到快乐、骄傲、渴望和兴奋，慢于预期进展则会让你感到悲伤、沮丧、受挫和愤怒。追求回避型目标时，快于预期进展会让你感到宽慰、平静、放松和满足，慢于预期进展则会让你感到焦虑、恐惧和内疚。

通过对进展速度提供反馈，情感启动了我们的动机系统。积极情绪鼓励我们更努力地工作。因为对自己在健身房取得的进步或烹饪技能的提高感到自豪和高兴，你可能会更努力地锻炼或去做一顿更精致的饭菜，但你也可能会因为感觉不好而放慢了努力的脚步。感受到沮丧或受挫时我们会气馁，在极端情况下我们甚至可能会完全放弃目标。

有时候缺乏进展会增加动机，情绪的影响此时也会出现反转。对自己缓慢的进展感到沮丧时，我们就会更努力地工作；对自己的进展感觉良好时，我们就会放弃努力。例如，你可能减掉几磅后就不再节食，也可能把借记卡忘在了自动取款机里，还有可能忘了拔油箱上的喷油嘴。取出现金后你很容易忘记拿回借记卡，油箱满了时你也会很容易忽略最后的关键步骤，把喷油嘴放回加油泵里。满意给我们的信号是已超出预期，我们觉得自己"做多了"，于是放慢了努力的脚步，但往往放慢得过早了。

所以，虽然情绪可以帮我们衡量在实现目标上取得的进展，但情绪对动机的影响有点复杂。例如，在一项针对正在节食的大学生的研究中，玛丽·洛罗、里克·彼得斯和马塞尔·泽伦贝格发现，如果这些节食者前一天对自己的节食控制感觉良好，第二天他们对此的关注就会减少。当他们无须太关注减重时，他们就会更关注自己的学业。[14] 但这一情况只在已经明显减重的节食者身上才会出现，刚刚开始减重的节食者的情况则正好相反，他们对前一天的节食感觉良好时，第二天就会加大节食力度。

当我们告诉人们他们做得非常好，这样他们便不再仅依靠情绪获得反馈时，类似模式也会发生。在一项研究中，黄思琪（音译）和张颖让参与者记忆一些细节，比如葡萄酒标签上的产地和年份。[15] 当一些人知道他们的进展快于平均水平时，他们花在记忆标签上的时间就会减少。同样的模式也只出现在那些有经验的人（即已经取得很大进展的人）身上。当初学者知道自己比其他人进展更快时，他们就会更加努力，花更多时间阅读和记忆有关葡萄酒的知识。如果你认为有进展而不是缺乏进展会有激励作用，那他们的行为符合你的预期。

所以，虽然情绪可以让我们识别自己是否进展够快，但这种反馈也可能会削弱动机。有时候对进展的良好感觉会增加动机，但有时候缺乏进展造成的不适感可以促使我们更努力地工作。

问自己的问题

通过提升你的承诺，如建立你对自己能力的信心，以及肯定你所追求目标的价值，进展可以帮你保持动力，因此监控自己的进展很有意义。一旦能取得一些进展，继续下去就会更容易。但有趣的是，缺乏进展也有助于保持动力。为了确保自己在实现目标的正轨上，展望一下尚未实现的目标也是有用的。要想通过监控进展来激励自己，可以问自己以下几个问题：

1. 回顾一下你已经完成的工作，能否帮助你增加对目标的承诺？能否让你想起当初为什么选择追求这一目标？

2. 展望一下为了实现目标你还需要做些什么，这样会让你渴望开始行动起来吗？向前看是一种提醒，提醒你走在正轨上，并监控你的进展速度，从而最终实现你的目标。

3. 觉察自己的情绪。对自己的目标你有什么感觉？如果你对坚持目标感觉良好，但对自己的进展感觉不太好，这一感觉可以指导你的行动，并且帮助你保持动力。

第六章

半满心态和半空心态

9 年前，我和丈夫坐在芝加哥联邦大楼的一间宽敞开阔的办公室里，等着被叫进去参加入籍考试。为这次考试我们准备了近一个月，一直在学习那 100 道美国公民题。如果能通过考试，我们就可以成为美国公民。11 年前我们搬到了美国马里兰州，从事研究工作。两年后，我在芝加哥大学获得了一个教职，我们和两个年幼的女儿也在芝加哥安了家。

当面试官叫到我的名字时，我攥了一下丈夫的手，说了句"再见"，然后抓起申请表就走进了一个小房间。房间里有一张桌子和两把椅子，面试官示意我坐在桌前的椅子上，她坐在桌子的另一边，我开始考试。

我虽然很紧张但也很自信，因为我知道大多数问题的答案。在考试前的几周，我和丈夫先从几个简单问题开始准备，例如谁是美国的第一任总统。然后我们鼓励自己继续准备，提醒自己很多问题都会很难，毕竟我们不是在美国长大的，例如，苏珊·安东尼做了什么，说出一个美国印第安部落，等等。

最终，我们的学习得到了回报。面试官只问了 100 个可能的问题中的 10 个，我们只需答对 6 个就能通过。虽然我丈夫差点没说出美国国歌《星条旗永不落》的名字（虽然他能唱出每一句歌词），但我们都轻松过关了。

监控进展对保持动力至关重要，但是应该怎样监控呢？不同的动机科学学派给出了不同的答案。思考该如何监控时可以参考那个众所周知的问题：杯子是半满的还是半空的。通常情况下，看到半满杯子的人说明这个人是乐观主义者，而看到半空杯子的人则说明这个人是悲观主义者。但在动机科学中，"半满杯"和"半空杯"的含义略有不同。有人认为，用半满杯方式去思考，记录下你已经做过的每件事有助于保持动力，因为进展会增加动机；也有人认为，用半空杯方式去思考，记录下你计划做什么会增加动机，因为缺乏进展会增加动机。正如我们在上一章中所学到的，这两种观点都没有错。有时进展更能激励行动，有时缺乏进展更能激励行动，这取决于个人和情境。在准备入籍考试时，我和丈夫切换使用了这两种方式。我们先从简单的问题开始，通过轻松取得的进步树立信心，记下这些问题的答案后我们再去看更难的问题。我们知道考试中的很多问题会很难，这促使我们在缺乏进展的情况下学习。我们很清楚，要想通过考试，就必须记住这些难题的答案。

在本章中我将解释如何判断和选择，是应该看半空的杯子还是半满的杯子才会推动你继续前进。为此我会先介绍一下目标动机的两种动力模式（也就是自我调节的动力）。

目标动机的动态性

假设你和朋友出去吃饭，在看菜单时，你提醒自己要注重健康饮食，于是你跳过汉堡和意大利面，选了一份有烤西蓝花、羽衣甘蓝、胡萝卜和五香扁豆的菜。这道菜好吃又健康，你也对自己能够信守健康饮食的承诺感觉很好。吃饭在夜晚中慢慢过去，大家的盘子都空了，于是开始点甜点。现在你面临另一个选择：是选择健康的甜点，如水果或者一小盘冰沙，还是完全放弃甜点，抑或允许自己放纵一下点一块丝滑奶酪蛋糕？你会为了健康选择第二个，还是选择第一个给自己留一些余地？

这两种可能性显示出人类在追求目标时通常遵循的两种基本动力模式。我把第一种叫作"承诺促进一致性"。当我们感觉对目标有承诺时，朝目标采取的每一个行动都会增强我们的承诺，并强化类似的行动。请记住，人们不喜欢认知失调，所以我们倾向去做那些支持我们之前做过的事。按照这种基本动力模式，点了健康的主菜后你更有可能选择健康的甜点或者干脆不吃甜点。但如果我们没能够坚持追求目标，就说明我们缺乏承诺，这也会削弱我们的动机。

第二种动力模式我称之为"进展促进平衡"，即追求目标的动力源于缺乏进展。还没有取得很大进展时，你就会有动力继续努力，但如果回头看到自己已经取得很大进展了，你就会觉得可以放松一下了，转而去关注之前被忽视的其他事情或决定休息一下，平衡一下目标的进程。点了健康的主菜后，你可能会放纵一下点个甜点来平衡一下。在这种动力的作用下，我们经常会在放松努力之后再次感到动力十足。

动机学研究的一些流派认为，人的动力模式是"承诺促进一致性"，而另一些流派则认为是"进展促进平衡"（简单地说，就是一致性和平衡性两大流派）。关于提升动机，不同流派会给你提供不同的建议。在遵循何种动力模式上，社会组织也有各自不同的建议。[16]匿名戒酒协会提倡完全戒酒，这是一种动态的一致性。参加戒酒会的酗酒者被鼓励把坚持不喝酒的时间理解为个人承诺的标志。他们会庆祝戒酒的总时长，而且在达到某个里程碑时长时还可以获得奖励。只要能保持每天不喝，第二天继续坚持不喝的承诺就会增加，而且在任何时候都不鼓励酗酒者放松戒酒的努力或者在某个场合喝一点来平衡一下。与之相反，传统的节食计划则提倡动态平衡。在这种动力模式下，节食者被鼓励摄取量保持在每天的卡路里预算之内，也就是说如果早上摄入的卡路里少，晚上就可以多吃点。在酗酒者那里的喝酒旧习复发，在节食者这里不过是一次卡路里预算超标，因为他们被鼓励平衡摄入低热量和高热量的食物。

由于信仰者的动力模式不同，宗教信仰也存在差异。天主教允许平衡模式，信仰者的罪孽被视作挫折，被认为是缺乏进展或倒退，但这些都可以通过做更多的宗教工作来克服。而加尔文教派则主张一致性，信仰者的罪孽不会被宽恕，需要一生行善。

目标动机的两种动力模式告诉我们，当完成的行动（即进展）增加我们的动机时，其方式与缺乏进展（即缺少行动）时有着明显的不同：完成的行动向我们发出信号，显示出我们对目标的承诺，从而增加动机，而缺失的行动则向我们发出需要有所进展的信号，以此来增加动机。

为了方便我们理解实现目标的这两种不同的动机途径，我们可以想想排队的例子。无论是在咖啡厅、医生办公室还是车管所，为了提升排队的动机，也就是让你可以耐心等下去的动机，你可以回顾和监控已取得的进展，或者展望和监控你到达终点时所需要的进展（关于耐心的内容详见第十一章）。监控自己已经走了多远会让你感觉更有动力排队，回头看时你会更加相信，等待的东西都是有价值的，是值得去等待的，因此你会保持动力继续等下去。监控你还需要走多远也会增加你的动机，但是是以不同的方式。展望未来，你会计算队伍移动的速度（进度），并调动耐心来帮助你在等待时保持动力。的确，当古民贞和我分别在美国和韩国对排队等候的人进行调查时，我们发现只回头看或只向前看，即只关注取得的进展或缺乏的进展时，人们的动机激励方式是不同的。[17]

在芝加哥一家叫爱因斯坦兄弟的百吉饼店，午餐时排队的队伍经常会从店里一直排到门外。人们跑到这家很火的店来购买各种口味（如阿齐亚戈奶酪口味、大蒜口味或蔓越莓口味）的百吉饼制作的美味快餐三明治。看到每天排队买三明治的人越来越多，我和古民贞对排队长度在4~14人时的顾客进行了调查。我们数了一下有多少人站在某个顾客后面（代表这个人已取得了多少进展），有多少人站在他 / 她的前面（代表还未取得的进展）。我们发现，站在后面的人越多时，这个顾客就会认为这次的三明治比站在他 / 她后面的人相对少时更好吃，看到自己从长长的队伍中一路排过来，人们对这次三明治的期待也会增加。我们还发现，当站在他们前面的人更多时，他们在心理上就会做好要等待更久的准备。

我们的结论就是，在排队时回顾过去（考虑已完成的进展）和展望未来（考虑没完成的进展）对人们的激励方式不同。在首尔的乐天世界，我们在调查排在队伍中间的人时观察到了这一模式。这家主题娱乐公园有个很受欢迎的游乐项目叫"法老的愤怒"，类似印第安纳·琼斯式的冒险游乐项目。乘客先是坐进一辆像破旧吉普车的过山车里，然后坠入一个黑暗的地下隧道，里面有各种可怕的动物，如蛇、蝙蝠、蜘蛛、鳄鱼等，还有很多木乃伊从墙壁里冒出来。过山车在黑暗的隧道中绕来绕去，最终穿过"法老的嘴巴"进入一个金色的房间。来乐天世界玩的很多人都知道这个标志性的游乐项目，也很兴奋地期待着能玩一玩。我们选择调查的是那些排在队伍中间等着玩的人，这样所有人的目标进展都差不多。我们请排队的人回头看队尾或者向前看队首，发现看队尾的人比看队首的人认为这个项目更好玩一些。虽然我们没有让他们预估剩下的等待时间，但我认为，那些看着前面排队人数的人已经做好了等待更长时间的准备。

渴望程度

你有多大的抱负？你是向往天空还是对现状很满意？事实证明，你使用的目标动力模式会影响你的抱负。

我们根据你的渴望程度来定义抱负。谈到工作时你可能听说过"爬事业梯"这个词。人们认为梯子爬得快的人更有雄心，而那些被困在梯子某一级的人则被认为没什么雄心。人的行动通常遵循一个目标阶梯，在这个阶梯中，每个目标都是通往另一个更具挑战性的目标的一步。在你的职业生涯中，初级职位是你向着这一机构中更高职位迈进的一步。

这个梯子的意象也适用于其他目标。你的抱负会因目标而异，因为你会更关注某些目标。你可能渴望在职业生涯中不断迈进，但对网球要打多好没什么渴望。当我在以色列军队里看着"绝望日历"倒数每一天时我没什么抱负，只想服役两年后离开这里。两年后我以中士身份退役，这一身份在军队的组织级别上很低。但当我 2002 年开始在芝加哥大学担任助理教授后，我一直在向着更高的目标努力，现在我已经是终身教授了。

有些目标阶梯是高度结构化的，例如从二等兵升到下士，或者从空手道的红带升到黑带。另一些目标阶梯则不那么明确，例如你渴望强化你的瑜伽练习。但除了对目标的关心程度和目标阶梯的结构，你监控自己行动的方式和目标激励的动力模式也会影响你的抱负水平。

关注自己目前取得的进步会让你更加珍惜当前所处的位置。相比于考虑到未来的情况，你可能会对自己的现状更满意而不太渴望寻求改变。回顾过去时，你增加了对现状的承诺，感觉没有动力再去做改变。但如果你能把注意力放在还没有完成的事情上，可能会更加激励你寻求改变并继续前进。你会迫切地要么想更进一步，要么想摆脱现状。

我从那些寻求职业建议的朋友和学生那里听过很多类似的故事，也强化了上述想法。其中一个故事来自我以前的一个学生，她为是否应该接受一个晋升机会而犹豫不决。作为一名热爱编程的计算机工程师，她可以用两种不同的方式来看待即将晋升的管理职位。做工程部经理后她可能很少再做实际编程，更多的是要组织项目，并把编程任务派给团队中的其他工程师。所以她可以关注自己作为工程师已经取得的成就，也可以关注在目前职位上还没有取得的成就。如果她回头看以往的成就，她对编程的投入度就会猛增，因而可能会放弃晋升管理职位，继续做她热爱的编程工作。但如果她关注的是在目前职位上还没做过的工作，她就更有可能选择在职业发展上转到新的方向。看到自己杯子里空的那一半后她决定接受晋升机会，让事业更上一层楼。

在一家广告公司，我和古民贞请一半员工思考他们在工作中做到了哪些，而请另一半员工思考他们在工作中想要实现什么。我们发现，思考想要实现什么会让人更加雄心勃勃。[18] 那些思考未能实现的目标的员工对职业晋升更感兴趣，而那些思考过去成就的人则觉得他们更享受目前的职位，也更想保留现状，他们更关注维持目前现有的水平。

如果没有一个科学家让你选择向前看或回头看又会怎样呢？很多人在不知不觉中会选择其中之一。那些性格上更有雄心、更渴望向上发展的人往往会自发地把注意力放在缺失的行动上。如果我问你在工作上的进展，你报告的是"缺失的行动"，我想你应该已经准备好进入下一个阶段了，例如，如果你说的是"这个季度我还有三个项目要完成"，我会认为你的志向很高，因为你已经在想等完成这些任务后要做什么。但是如果你以完成的行动来报告进展，例如，"在这个季度我已经完成了两个项目"，我会认为你更关注目前的水平，也没有什么提升的愿望。因为你考虑的是已经完成了什么而不是还剩下什么要做，所以我会推断你对自己的现状感到很满意。

行为表征

最好的选择到底是专注于已完成的行动以增加承诺，还是专注于未完成的行动，通过提示缺乏进展来提高动机，要视情况而定。重点应该是什么时候使用哪一个策略更好，而不是到底哪一个策略更好。

所以，在思考哪种目标动力模型最适合你时，可以看一看你目前的承诺水平。如果你已经坚定地承诺了自己的目标，那么已完成的行动也不会改变这一点。关注自己已取得的进展可能会让你感觉已经做了很多，该休息一下了。相反，如果你对自己的承诺很不确定，而且还在考虑做某件事的意义，那么未完成的行动也不会激励你前进。专注于未实现的进展甚至可能会让你不愿意去投入，甚至会导致你直接放弃。

以工作为例。如果你很清楚自己对工作的投入程度，无论是喜欢还是讨厌自己的工作，完成工作任务与否都不会改变你的投入度。当其他员工完成更多任务时，他们可能会更有责任感，而你则会把已完成的任务看作进展的标志，一旦完成足够多的任务，你就会放松自己的努力，甚至可能早早回家。相反，当你不确定对自己的工作是否投入，可能还在怀疑这份工作是否适合你时，即使你的工作进度落后，大量工作迅速积压，你也不会渴望更加努力地工作，更不会激励自己谋求职业发展。其他员工落后时他们会更努力地工作，而你则会把进展缓慢看作一个信号，以此来说明你不适合这份工作，你可能会考虑辞职。

因此，人们遵循的目标动机的动力模式可能取决于他们的行动"表征"，即他们是将自己的行为解释为承诺的信号，还是解释为取得进展的信号。

对采用"行为承诺表征"的人来说，从行为就能辨别其投入度。他们会问："我的行为是否说明我在意这个目标？"他们会根据自己取得的成就来评估自己对成功的信心，以及目标对他们的吸引力。相反，采用"行为进展表征"的人则会通过观察自己的行为来辨别进展，他们会问："我的行为是否表明我已经取得了足够的进展？"

这些行为表征具有直接的动机后果。在取得成功后，采用"行为承诺表征"的人往往会选择持续不断地行动，进一步向前推进目标，只有在追求目标失败后他们才会感觉动力不足。这些人的动力来自半满的杯子。对他们来说，成功会激发他们的工作动力。相比之下，采用"行为进展表征"的人往往会在成功后选择放松努力，来平衡一下。取得成就时他们会认为自己已经取得了足够进展，他们有充分的理由放慢脚步。但当发现自己没有采取足够的行动时，他们就会加大努力迎头赶上。因此，这些人的动力来自半空的杯子。对于这类员工，工作上的成功会让他们放慢脚步。

这些分类并不严格。在某种情境下采用"行为承诺表征"并不意味着你只会被过去的成就所激励。事实上，在日常生活中的很多人，包括你自己，都会试图影响你对自己行为的解释，以说服你去坚持目标。老板、老师、政客和销售员都在试图通过影响你对自己行为的看法来影响你。某个品牌奖励你的忠诚度时，会把你过去的购买行为理解为你的承诺和投入。你常在某一家品牌消费，因为你是重视这个品牌的忠实顾客，而不是因为你已经在那里买了很多东西。如果你最近没在某品牌上消费，你可能会收到品牌方发来的一封写着"我们想你……"的邮件。它把你的缺乏行动看成缺乏进展，其销售说辞不会说你不忠诚，而是会强调你有一段时间没关注他们的品牌了，希望你有兴趣看看他们又推出了哪些新产品，以此激励你再次购买。

决定行为表征的要素

我们暂时回到我在军队的那段时期。当我总是向前看，数着下次假期前的日子时，我使用的策略正确吗？现在掌握了这些动机学知识，我意识到当时如果多回头看可能会更好。对于军队工作，我从一开始的投入度就很低，但如果当时能多回头看看，我也许有机会看到自己做得还不错的工作，也许能够对工作更有热情一些。

在你的经历里，你可能是那种把追求目标看成表达承诺的人，也可能是那种把追求目标看成取得进展的人。你是什么样的人，你觉得什么更能激励你，这通常取决于目标和你所处的情境。

当刚接触一件事物或者不确定自己是否会喜欢或重视它时，你会把自己的行动作为承诺的证据。当开始做一件新事情，并想弄清自己是否擅长时，你已完成的行动会增加你的承诺，而没完成的行动则会减少承诺。其结果就是，新手往往容易被半满的杯子所激励，而老手还有那些认为正在做的事很重要的人则不会质疑自己的承诺，他们知道自己在乎。如果你做某件事已经很久，就不会再问自己是否喜欢它或这件事对你是否有价值。这时候你看到的是半空的杯子，把注意力集中在还没做的事情上，就可以更好地维持自己的动力。

以去健身房为例。如果你是健身房的新成员，想想到现在为止你已经坚持来健身多少天了，会比想着有多少天你没来健身更有助于你保持健身的动力。但如果你是健身房常客，举重房算是你第二个家了，想想最近有多少天没来会更有助于你保持动力。

随着时间的推移，你可能会从健身房的新手变成常客。身份转变时，你维持动力的方式也会改变。面对很多目标，你开始时评估的是自己的承诺，但随着时间的推移和经验的积累，你会转向监控进展。例如，在开新的储蓄账户时，你可能会先评估承诺，考虑自己的储蓄目标是否可行，但是，一旦你花了一段时间来建立你的储蓄账户，你就会更加确信你能存下钱，进而开始监控你的储蓄进展。你从评估目标转向了推进目标，[19] 或者说从思考目标转向了实施行动计划。[20]

但是，我们很少会彻底完成从关注承诺到关注进展的转变，换句话说，你可能永远都在评估或怀疑自己的承诺。即使是那些确信自己有足够承诺度的人，有时也会怀疑自己，这在一定程度上是因为作为老手和新手的身份取决于情境。在私人教练面前，你感觉自己还是个新手，但如果和一个喜欢久坐不动的朋友相比，你可能觉得自己是个专家。

目标的重要性也决定了你更有可能被进展还是被缺乏进展所激励。很多人更愿意为退休而不是为度假存钱。因此，与想着自己存了多少钱相比，当想着自己的退休备用金还差多少没攒够时，他们会更有动力每个月再多存点钱。但如果是为度假储蓄，想着自己已经在度假基金中存了多少钱会让他们更有动力继续存钱。

要想确定是半满的杯子还是半空的杯子更能激励你，你需要考虑情境和目标的重要性。你觉得自己是老手还是新手？这个目标是必须实现的还是实现了会更好？根据不同的情况，你可以灵活地在监控已完成和未完成的行为、回顾过去和展望未来之间进行切换。

问自己的问题

有时候你需要把杯子想成是半满的，有时候你应该把杯子想成是半空的。为了有效地监控进展，你应该灵活而有策略地在回顾和展望之间切换。你可以问问自己以下几个问题：

1. 对于一个既定的目标，你是会平衡自己的努力，当你落后时就努力工作，还是会坚持不懈地努力，通过不断努力来强化目标？你的模式是否符合自己的目标？如果你想保持现状，平衡努力可能更适合，但如果想寻求改变，你就需要强化自己的目标。

2. 你对自己的目标承诺有多确定？对自己的目标承诺不确定时，你可以看看半满的杯子来帮助自己保持动力。到目前你已经取得了哪些成就？对自己的目标承诺很确定时，半空的杯子会让你继续前行，你可以问问自己还有哪些事需要做。

3. 对于自己的目标你有多少经验？如果你是一个新手，就看着杯子让它一点点地填满；如果你是一个老手，杯子开始空时你就需要检查它了。

第七章

如何避免卡在中间的窘境

每年在大学新生到校时，我们都会用近一周的各种活动来庆祝他们大学生活的开始。新生会比老生早到校几天，部分原因是为了给他们时间告别过去的生活，适应新的生活。这些活动中有一个感人的仪式，父母把孩子送到学校，然后站在位于这所古老校园中心的校门口处，看着孩子走过校门口，进入校园。志愿者提前备好纸巾给父母在那一刻擦眼泪用。这个让人感动的告别仪式过后，新生在接下来的一周几乎没空睡觉，在各种会议、城市探索之旅、外出聚餐、学校赞助的派对还有无数的学校社团组织和俱乐部的活动中，他们开始了自己的大学生活。

大约四年后，我们又会庆祝他们的离开。学院同样会举办各种活动，家长也会给孩子办豪华晚宴，一直到最后迎来他们的毕业离校。虽然因为新冠肺炎疫情，所有活动都转到了线上，但依然有线上活动迎接新入学的大一新生，也有线上聚会送别即将毕业的大四学生。

我们唯一不开派对的时候是学期中间阶段。开始和结局都是特别的，而中间则是平常的，不需要庆祝。但正是在这些平常的日子里，我们的热情和动力最难维持。我们一开始会很有动力，想实现目标，想做对做好。但随着时间的推移，我们的动力会随着心气的下降而下降。但由于我们的目标有一个明确的终点，就像在全有或全无型目标（例如拿到文凭毕业）中一样，我们的动机会在接近终点时再次提升。

因此，长长的中间部分很危险，应该标上警告信号：动机脆弱，小心应对。虽然大多数人在追求目标的开始和结束时都特别热情和认真，但到了中间阶段，完成目标的动机和要做正确的事（采用高标准）的动机就会减弱。那么，当我们的动机自然地降低时，该怎样坚持在正轨上前行呢？

做正确的事

为了得到工作而在面试中撒谎的人显然很有动力想得到一份工作，他愿意冒很大风险，不惜放下看镜子里的自己时内心的感受。尽管他要实现预期结果的动机很强，但采用适当手段去达到目的的动机却很低，只要能达到目的，手段对他并不重要。

观察人们的动机时，我们经常关注的是他们做事的动机，而很少关注他们做正确事的动机。我们可能会提到对完成一项任务的渴望，愿意投入多少脑力和体力来快速完成或完成大量的工作。有时候做正确的事与快速或大量做事是一回事。如果你在百米赛跑，从定义上说跑得快就是做正确的事，因为只有第一个跑完的人才能拿到金牌。

但是，渴望完成任务的愿望并不总是会让人把事情做好，有时甚至恰恰相反。例如你找了个承包商装修自己的房子。快速完成工作不一定等于把它做好。多花点时间去做好预算，购买质量上乘和合适数量的材料，多检查几次水管工、电工、木工和其他工人的工作，确保他们高质量地完成装修，这些都需要工人们更好的工作表现。把事情做好通常是需要时间的。

我们应该把做正确事的动机看作是想有条不紊地认真完成任务，而不是走捷径、降低关注度或者放低标准。把事情做好的动机最重要，无论是工作、健身还是做饭，你通常都是希望把事情做好而不仅是完成就好。不能为了达到目的就不择手段。

做正确的事也意味着你遵循了道德标准。你可能很在意公平，也就是说你不仅关注要得到自己想要的，也希望能公平公正地得到。在我描绘出一个人面试时撒谎的画面时，你可能会觉得这很可怕。撒谎，假装自己更有技能或经验，在你看来很可恶，因为你无法想象有人会靠这样的手段从本应获得这份工作的人那里夺走这个机会。和同事打篮球时，你想赢球是因为你们队打得最好，如果你怀疑队里有人搞鬼，那赢球也就没什么意思了。

就大多数目标而言，完成目标的动机和正确完成目标的动机同时存在，而且在实现过程中会有波动。有时候两种动机重叠，例如上面提到的百米赛跑，但有时候两种动机可能完全对立，你需要降低标准才能完成工作，例如承包商为了更快地完成装修工作，选择跳过重要步骤，如确保电气工程质量过关。但更多时候这两个动机相互独立。

我们之所以有动机去做正确的事情，例如基于我们的技能和知识去搞定工作或赢得游戏，很大程度上是因为我们在意自己的行为会揭示出我们是什么样的人。我们想给别人留个好印象，所以我们选择用正确的方式做事，坚守道德和高标准。同时我们也关注自我印象，即使没人注意，我们也要给自己留个好印象。

回忆一下我们了解自己的方式，其实与了解他人的方式一样，都是从行为得出结论（如果你的约会对象带你去参加政治集会，你之后可能会推断自己也支持这项事业）。我们在降低标准时，也向自己发出了低标准的信号。因而遵循高标准不仅让我们赢得他人的尊重，也会让我们保持高自尊；相反，降低道德和表现标准不仅影响别人对我们的看法，也同样会影响我们对自己的看法。

为了说明这一点请设想一下，如果你得到本不属于自己的钱会怎么想。如果是在地上发现一美元，我会很高兴地捡起来放进自己的口袋。但有一次，我在苏黎世的一家艺术博物馆买票时，看到地上有张100瑞士法郎（约合110美元）的钞票。我猜是有人取票时不小心掉地上了，于是在大厅等了很长时间希望失主能回来取。毕竟从别人手里拿不小的一笔钱没啥意思。最后，为了维护我的自尊心，证明自己不是小偷，我把钱捐给了一个动物福利组织。

大多数人也会有同感。如果商店收银员少收你一美元，你有可能不会告诉对方，因为多得这一美元是小钱，不会伤害到失去它的人。但如果少收你20美元或30美元呢？很多人可能会告诉对方收错了，这样我们就可以心情舒畅地离开商店而不会感到内疚。

但并非所有行为都会给你同样分量的信号。有些行为已经被心理学研究反复且深入地分析过，例如捡钱，就像我在瑞士的那次经历一样，而另一些行为则像是在雷达下飞行，很少受关注和被审视。如果你觉得没人包括你自己都不会注意到你的行为，你可能就会降低标准，不会太担心别人甚至你自己如何看待你会有什么后果。回想一下本书之前的章节，我的学生曾公开承认，如果不会被抓，他们会考虑抢劫银行，在这种情境下他们仍然有自己的是非观来阻止他们。但如果你曾经做过自我意识起作用前站在水槽边几口吃掉美味甜点之类的事，你就清楚什么叫对自己隐瞒自己的行为了。

那么在追求目标的过程中，做正确事情的动机是如何上下波动的呢？答案要看某些行为是否显得隐藏。而且一般来说，在中间位置似乎更容易实现对他人和对自己的隐藏。玛雅·巴尔－希勒尔做的一个实验就说明了这一点。参与者被要求出一道四选一的题，写什么、怎么写都可以。如果当时我也报名参加了，我可能会写：

伊利诺伊州的首府是什么？
A.芝加哥　B.斯普林菲尔德　C.绍姆堡　D.底特律

研究人员并不关心问题的内容，他们只想知道参与者会把正确答案放在哪里。如果我们会真正随机地放置正确答案，那么 A、B、C、D 四个选项会各有大约 25% 被放置正确答案的可能性。但事实并非如此，大约 80% 的参与者选择把正确答案放在中间的位置之一，即 B（和我上面的做法一样）或者 C。参与者"天真地"把正确答案藏在中间，因为中间位置看起来更隐蔽。[21]

对自己隐瞒自己的行为也是如此。在目标的开始和结束时，人们会更严格地遵循道德标准，而在过程中则会降低标准，即使只有他们自己知道。开始和结束的位置比中间位置更容易记住。当你想努力记起在一周的假期中所做的每一件事时，你会发现在假期第一天和最后一天做的事可能比你在假期中间某一天所做的事更容易浮现在脑海中。如果你有幸享用了一顿丰盛的大餐，那么第一道菜和最后一道菜为整个用餐过程定下了基调。我们往往记住的不是中间的，而是要么记住排在前面几项的（我们称为"首因效应"），要么记住排在最后几项的（我们称为"近因效应"[22]）。在思考自己的行为时，你同样希望记住在通往目标的道路上你首先和最后做了什么，而不是中间发生的一切。知道自己会忘记在中间所做的事，我们的潜意识会认为，这时候即使作弊也不会伤害自尊心，反而更容易隐藏自己。

"偷工减料"是个常用短语，指某人为了快速或低价完成某事而放弃质量。玛法瑞玛·图雷－蒂勒里和我发现，在追求目标的过程中人们也会偷工减料。[23] 在一项实验中，我们给了参与者每人一把剪刀，请他们剪出 5 个相同的形状（一个四边都有箭头的正方形）。一开始参与者都会整齐地剪出要求的形状，但剪到第三个时他们就开始凑合应付，但剪到第五个时他们剪出来的形状又开始变得很整齐。

以上实验显示，人们确实会在项目进行到一半时偷工减料。另一个实验表明，即使在更形象的意义上也是如此，人们会在中间降低他们的道德标准。在实验中，我们请参与者校对 10 篇文章，找出其中拼写、语法和其他类型的错误。为了确保随机分配，做校对时他们要通过抛硬币给自己分配一个短版本（只有 2 个错误）的文章或一个长版本（有 10 个错误）的文章。对他们完成任务的质量我们并不关注，我们关注的是抛硬币的结果。如果参与者给自己分配短版本的比例超过了 50%，你可以怀疑可能有人在作弊。虽然我们不能确定某个人是否在作弊，但如果 70% 的参与者做的都是短版本，很可能 50%的人确实得到的是短版本，而另外 20% 的人则是在抛硬币时作弊了。我们确实发现有些人作弊，但我们还发现，在实验进行到一半时而不是在开始和结束时，参与者更容易降低标准，这个时候他们更有可能作弊，给自己分配短版本。

在实验室之外，我们发现即使在宗教传统中人们也往往会在中间放松自己的目标。犹太教节日光明节要求，要连续 8 个晚上点亮烛台。据说，当马加比一家被赶出神庙时，他们发现家里的油只够烛台点亮一天用，但神奇的是油却烧了整整 8 天，给了他们充足的时间去压榨和准备新的油。在庆祝光明节时，犹太人会吃富含油脂的食物，并依次点燃烛台上的 8 支蜡烛（先是一支，然后两支，再三支……），连续点 8 个晚上。在调查庆祝光明节的人时，我们发现更多的人在第一个晚上和最后一个晚上坚持仪式，而不是在中间那几天的所有晚上都坚持仪式。犹太人在评价他人时，如果对方是在第一个或最后一个晚上而不是在中间某个晚上没有点亮烛台，他们就会严苛地认为对方不虔诚，这也与我们对中间效应的预期一致。

坚持标准即以正确的方式做事，在追求目标的开始和结束时动机会更强大。如果希望能利用好这一趋势，你可以把中间阶段尽量缩短。健康饮食的每周目标比健康饮食的每月目标会更有效，因为中间的时间短，不容易作弊偷懒。如果你要做的是一个时间很长的大项目，你可以先把它分解成每周任务，这样就不会在中途失去动力。你也可以把现在作为开始或结束，而不是中间。把选择午餐的时间定在早晨结束或下午开始时，而不是在一天的中午，你就会选择更健康的食物。

完成目标

在第五章中我们讨论了全有或全无型目标。追求这些目标时你只有在终点才能获得奖励，因此你会觉得自己的钱越花越值。随着行动的进展，每一次行动都距离目标更近。四年制大学的第一年可以让你获得 25% 的学位，但最后一年你可以获得 100% 的学位。对这些目标来说，进展能给人以动力。

回想一下累积型目标，它可以让你在前进的过程中随时享受到益处。因为你在过程中得到的奖励很少，通常情况下你做得越多，从更多工作中获得的额外价值就越少。你读的第一本天文学书比读的第五本书学到得更多。因此，你阅读天文学图书的动机应该在开始时很高，然后随着你阅读的每一本书，动机也会减弱。

但就像生活中的很多事一样，你的目标并不总是这两种目标中的某一种，很多目标结合了这两种目标的元素。即使从技术层面看，每一次新增加的行动的边际价值会减少，你也会有动力达到目标。例如目标是每天要走一定的步数。走了 9900 步时，再走 100 步的边际值会更低。但如果你的目标是每天走 10000 步，那最后 100 步对你来说比之前的 100 步更重要，这些步数可以帮你实现目标，让你更开心。

某个目标也可能同时提供累积型目标和全有或全无型目标的收益。虽然在家宴上你上了开胃菜和主菜后，再从烤箱里拿出派的边际影响可能会降低，但上甜点才意味着整个家宴的结束，而上开胃菜时你只完成了作为主人 30% 的职责。虽然每道菜的边际价值在下降（满足饥饿感是累积型目标），但一场成功的家宴是全有或全无型目标，因此你上甜点的动机会很高。

无论是开始追求目标还是在接近目标终点，人们都会有充分的理由感觉有动力。开始时你会迅速积累收益，通过最后几次行动你快速地接近尾声。问题还是出现在中间，在中间时你会感觉被卡在那儿。

此外，在中间时，无论你是将自己的下一个行动与已经走了的距离做比较，还是与达到目标的剩余距离做比较，这一行动的影响似乎都可以忽略不计。这个问题是由我所说的"小区域原则"造成的。

根据小区域原则，为了保持动力，我们需要将下一个行动与两者（已取得的进展和为达到目标还需采取的行动）中更小的做比较。[24] 刚开始追求目标时，我们应该回顾已完成的，而过了中点后我们就应该向前看，看看还差多少。例如，如果你想读完 7 本《哈利·波特》，那么你应该从已读完的书开始来监控进展，一直到你读完第 4 本《哈利·波特与火焰杯》。这之后再用还没读的书的数量，即现在的小区域，来监控进展。原因在于，在目标开始时关注自己已经做了什么（小区域），而不是关注你还需要做的（大区域），你的下一个行动所产生的影响就会更大。当过了目标追求的中点之后，着眼于剩余进程（小区域）时，你的下一个行动所产生的影响就会比着眼于已完成进程（大区域）时更大。

这背后的原则很简单：将一个行动与较少的其他行动而不是更多的其他行动进行比较，这个行动所占比例就会显得更大。无论是已经完成的行动（从头计）还是剩余的行动（从结尾计），小区域原则都适用。小区域原则也是经验证能够激励行动的技术之一。在一项研究中，古民贞和我用这一原则激励食客多去光顾一家餐厅。在一家以提供纽约式寿司套餐而闻名的韩国餐厅，我们收集了针对常客促销活动的数据。和芝加哥大学食堂的奶昔促销卡一样，为促进食客多来消费，寿司店会给每位客人一张优惠卡，在店里消费 10 次午餐后可免费享用午餐一次。但其中一半人的卡片在视觉上强调了累积过程，即每次在餐厅用过午餐后，卡片上就会盖一个寿司形状的戳，而另一半的卡片则在视觉上强调了剩余的过程，即每次午餐后，就会在一行十个的寿司形状图像中撕掉一个。那么问题来了，哪种消费卡的效果更好呢？

正如小区域原则所显示的，这取决于顾客能得到免费午餐的进展。那些一开始进展很快、拿到卡片后很快就来吃过几顿午餐的顾客，如果优惠卡能让他们把视觉注意力放在还差几次，他们就会更快回来消费，因为对他们来说，剩下的进展就是小区域。但那些拿到优惠卡后并不是很快就多次来吃寿司午餐的食客，如果卡片能把他们的视觉注意力引向为数不多的几次光顾，他们就会更快回来消费，因为已消费的几次是他们的小区域。所以在刚开始追求目标时，对已完成行动的关注会增加食客的回头消费率，而在接近终点时，对剩余行动的关注可以使食客更快地回到餐厅来消费。应用到自我激励，这个研究教会我们，在没达到中点时多回头看看已发生的进展，而过了中间点后应该多向前看。

但是在中间点的时候呢？在中间时，你离开始和结束都很远，没有哪个区域更小，你的动机就会下降。因此在设定目标时，你应该把中间部分设置得短一些，这样你就不会在中间停留太久。月储蓄目标比年储蓄目标要好。虽然最终你要完成的是长期目标，但设定一些界限让中间短一些可以帮助你达到目标。如果你设定的是每周锻炼的目标，我可以很有信心地说，你会希望在下周和下下周继续锻炼，因为每周的锻炼目标中间很短，不像每月、每年或终身锻炼目标那样。

另一个解决中间问题的策略是使用时间里程碑来庆祝新开始，哪怕只是一种隐喻性的开始。戴恒晨（音译）、凯瑟琳·米尔克曼和贾森·里斯把这一现象叫作"新开始效应"。[25] 人们往往在新年或生日等特殊日子之后会立即开始更努力地工作。一项对数千户家庭几年来食品消费的分析显示，平均而言，人们在1月份吃的食物最健康，但健康食品的比例随着每个月的过去而递减，这一状况一直会持续到年底。[26]

新年、生日和星期一都是新的开始，你可以用这些来庆祝新的开始。有趣的是，很多人凭直觉也是这么做的。例如，"节食"一词的在线搜索最频繁地出现在每个新日历周期的开始，即每周、每月或每年的开始。利用这个策略来解决中间问题，你只需要提醒自己今天是你余生的第一天。如果你能把现在作为开始，你会感觉更有动力继续朝着你的目标去努力。

问自己的问题

虽然开头和结尾都有清晰的标志，但中间部分可能很长也很模糊。你无法确切地说出你的中间什么时候开始，又会在什么时候结束。在这段漫长而且不明确的时间里，你该如何保持动力去实现目标，而且坚持做正确的事呢？规划你的策略时可以问自己以下这些问题：

1. 处于中间阶段会如何影响你完成事情的动力？如何影响你做正确事情的动力？要实现某个既定目标，对你来说什么更重要，是完成事情就好还是要做正确的事情？

2. 我们有时会在中间偷懒，因为中间的行动好像没那么重要。你会在中间关注自己的行动吗？你会让它们值得纪念并因而使之变得重要吗？

3. 为了缩短中间部分，你可以设定每月、每周甚至更短的子目标吗？通过设定子目标，你可以让中间部分最小化，从而减少自己在中间阶段偷懒的可能性。

4. 你能用某个时间点来标志一个新的开始吗？星期一、一个月的第一天或者生日都可以标志追求重要目标的一个新起点。

第八章

负面信息对成功至关重要

小威廉姆斯是世界上最优秀的网球运动员之一，她有一句名言："我的成长不是来自胜利，而是来自挫折。"领导力专家约翰·马克斯韦尔曾劝我们在"失败中前行"。小说家和剧作家塞缪尔·贝克特在他的一个著名故事里写道："再试一次，再次失败，下次失败会好些。"

我们的社会将失败视为受教育的时刻。我们常听到失败后我们会得到宝贵的经验。然而这么多行业的佼佼者强调要从失败中学习，可能正是因为人们天生不爱这样做。我提醒 8 岁的儿子每天晚上刷牙，因为我知道不提醒他是不会刷牙的。同样，小威廉姆斯和马克斯韦尔提醒我们要从失败中吸取教训，也是认为我们还没有这样做，而且经常做不到这一点。

但如果你提醒自己从失败中学习，它就会成为一股强大的力量。比起体验积极的事，人们通常更关心要预防消极的事，所以"坏"可以是比"好"更强大的老师，只要你肯努力去学习。

50 年来，"前景理论"和"损失厌恶"的相关研究深入探讨了人们对消极事件的深切关注。[27] 正如我们在第二章谈到的，相比收益而言，损失显得更为突出。例如，比起赢 100 美元，你更关心不要输掉 100 美元。

我们在日常生活中有很多损失厌恶的例子。几年前，美国各城市开始实行购物塑料袋收费制度，购物者几乎在一夜之间开始改用可重复使用的袋子。塑料袋收费有力地改变了他们的行为。有趣的是，之前很多商店对自带购物袋的顾客会奖励 10 美分的抵免优惠。但和塑料袋收费相比，对可重复使用购物袋的奖励是无效的。那些不在意旧规定中 10 美分抵免优惠的购物者改变了购物习惯，以避免按照新规定要为塑料袋支付 10 美分。我们对损失的厌恶超过了对无收益的厌恶，尽管二者其实很相似，这就是损失厌恶。然而，尽管如此在意避免损失，但我们却很难从经历的损失或者说负面反馈中吸取正确的教训。

比如学习一个微不足道的问题的答案：yaad 在希伯来语中是"手"还是"脚"的意思呢？如果你猜了一个答案，我告诉你猜错了，你照样可以学习到正确答案。在这样的二元问题中，知道你猜的是错的和知道你猜的是对的提供的信息是一样的。如果 yaad 不是脚（的确不是），那它必须是手。不过如果你猜对了，就会更容易记住答案。这正是劳伦·埃斯克赖斯 – 温克勒和我在做一个实验时发现的。在实验中，人们通过猜测二元问题的答案来学习，但从负面反馈中学到的东西较少。[28] 为什么呢？

第一个原因是负面反馈会削弱我们的学习动机。得到负面反馈后，你会感觉不好，会放弃而不再关注，所以你可能学不到有价值的信息。在我们的研究中，参与者在做错题时不会去推断正确答案，而是会不再关注。第二个原因是，客观上这样做更难。第一次能做对，你就会知道该怎么做，但如果是做错了，你只学到了不能做什么。

　　负面反馈往往会破坏我们学习的动机和能力。然而从错误中学习对我们的成长至关重要。正如小威廉姆斯所说，作为一名网球运动员，她更多的是在挫折中成长而不是在成功中成长。在监控自己的进展时，正面反馈和负面反馈都会告诉我们是否在实现目标的轨道上或者是否采取了最佳路径，这两种反馈我们都需要。本章的主要内容是如何克服障碍，并从错误中学习。

从负面反馈中学习

　　政治理论家安东尼奥·葛兰西曾经写道："历史可以教，但没人学。"[29] 从负面反馈中学习也是如此。我们如何从失败中吸取教训呢？首先我们必须克服我提到过的两个障碍：一个是当失败导致自我受伤时，我们倾向于忽视它（动机障碍），另一个是从错误中学习的客观困难（认知障碍）。

障碍 1：忽视

　　我和劳伦·埃斯克赖斯 – 温克勒做了一个实验：我们请了一些电话销售人员，通过猜问题答案来让他们学习，例如：

　　美国公司每年因糟糕的客户服务损失了多少钱？
　　A. 大约 900 亿美元　　　B. 大约 600 亿美元

　　在另一个实验中我们请参与者通过猜测一种"古代语言"（实际

是我们自己编的）中陌生符号的意思来学习，例如：

这个符号是：

A. 动物　　B. 无生命物体

人们在提交他们的猜测后，我们会告诉他们猜测是否正确。几分钟后，我们就同样的问题会再次测试他们，看看他们是否会从反馈中有所收获。

在这个实验模式中，每个问题只有两个可能的答案，参与者可以很轻松地记住每个问题的正确答案，要么因为他们第一次做对了，要么因为做错了。尽管如此，我们的学习者当猜对了并得到正面反馈（"正确！"）时会比猜错了并得到负面反馈（"你错了！"）时学到的更多。[30] 通常情况下，猜错了的人之后注意力会不集中，在后续测试中的表现和随机测试也差不多，和第一次做时一样在猜答案。得到负面反馈后人们就会直接忽视，并不会从错误中吸取教训。在另一个实验中，得到负面反馈的学习者甚至不记得自己最初选择的答案，更不用说正确答案是什么了。我们的结论是，当失败威胁到自我时，人们就会从失败的经历中解脱，而不再关注失败。

不能从失败中吸取教训既具有讽刺意味也会产生严重后果。如果你只从获胜的网球比赛中学习，你的进步速度只会是应有的一半，你无法从选择忽略的事情中学到东西。此外你可能会对自己的能力产生不切实际的看法。例如一位投资者，她从成功的投资中知道自己有时可以预测股市，但没有从失败的投资中了解到，她的预测同样有可能失败，可能因此会建立起错误的信心。[31] 如果她在投资中成功的次数和失败的次数一样多，那么她投资越多，就会越感觉自己很成功，对自己（客观上没那么好）的能力也就越有信心。因为她只关注自己的成功，成功的投资带给她的正面评价会远大于失败投资带给她的负面评价。

我们常常无法从失败中吸取教训，是因为失败会让人感到刺痛，我们不想沉浸在那些负面情绪中。当怀疑信息会是负面的或预示着失败时，我们通常的首选项是避开它。但根据冷冰冰的经济分析，如果信息有可能影响决策，那么它就是有价值的。它给我们什么感觉并不重要，重要的是我们要知道它是否会改变我们的决策。但人类有一种倾向，就是我们会根据自己的感觉去寻求或回避信息，而不管这些信息对做出正确决策有多大帮助。例如，如果你曾经因为担心听到坏消息而不去看病，就会为了自己感觉良好而避开那些你预期会是负面的反馈，尽管你知道这些反馈可以让你更健康。也许你很担心一颗不规则的痣意味着癌症，所以你推迟检查，以延长对此不做了解的时间，毕竟俗话说，无知是福。

我们往往会有意回避令人不快的信息，即使是那些有助于监控目标进展的信息，这被称为"鸵鸟效应"，[32] 这个名字来自鸵鸟以为把头埋进沙子里就可以避免危险的错误信念。[33] 虽然鸵鸟在现实中并不会这么做，但人类确实会把头埋进沙子里（比喻说法）来躲避即将到来的威胁，但我们认为的威胁实际上是情绪化的反应。例如，一些糖尿病患者不监测血糖，很多人策略性地不查看家庭能耗或银行账户余额。此外，一项研究表明，投资者在市场下跌后会选择不去查看他们的账户。[34] 我们这样做是因为我们意识到不知道的事情就不会影响我们的情绪，所以我们会回避信息，但不去了解这些信息其实会影响我们的健康或财富。

负面反馈也会损害你的学习能力，因为它会降低你的自尊。在不涉及自尊的情境下，你更有可能从失败中学习。如果你认为负面反馈不能反映你是谁，而只是提供了一个学习新东西的机会，你就更有可能从负面反馈中学习到一些新东西。同样的道理，比起从自己的失败中学习，你更有可能从别人的失败中学习。毕竟是别人摔倒了，而你毫发无损。一般来说，通过别人的经验学习是"替代性学习"，会比从自己的经验中学习更难，因为你并没有时刻密切关注别人在做什么。这就是为什么教育经常会强调实践经验，你自己动手做比你看着老师做更有利于学习，但是别人的失败经历不会威胁到我们的自尊。

所以关于从负面反馈中学习，我们更有可能从观看中学习，而不是从实践中学习。事实上，埃斯克赖斯－温克勒和我在其他实验中也使用了相同类型的二元问题，我们发现在测试中，学习者如果先看到别人猜错答案，就会比他们自己猜错答案时表现得更好。无论是学习编织还是开始一份新工作，开始做一件新的事情时你可以先观察别人是如何失败的。也许你可以参加一个编织班，这样你就可以看到别的新学习者和你一起在吃力地学，因为你们都是从一条起跑线上开始的。

失败时，另一种保护自己的方法是提醒自己，你一直在学习和进步。如果能意识到自己的技能和知识一直在进步，你就会调整自己，并学到更多知识。

障碍2：心理训练

如果训练过小狗，你可能很快就懂得了奖励总是比惩罚好，而且起效更快。被罚的小狗可能知道你不高兴，却不知道怎么能让你高兴。它知道在地板上撒尿你会生气地吼它，但不知道在草地上撒尿你就不会吼它。通过不做受惩罚的行为来确定哪些行为可以做，这需要复杂的推理，你的狗可能做不到。

我们把这种逻辑叫作"心理反转"。从成功中学习，你要做的就是重复你在第一次成功时所做的事，但从失败中学习则需要思维上的反转，你知道了什么不该想、不该说、不该做。在失败后，你通过排除可能的解决方案来学习，如果这个不是答案，那另一个就是。因此，如果一个产品或一个人不合适，你需要选择另一个到现在还没显示出不合适的产品或者人。

这种思维上的反转可能并不容易。你的狗坐下后得到了你给它的奖励，它可以很容易地发现坐下是要做的事，但正如我们上面提过的，让它学会不在地板上撒尿就不太容易了。尽管人类的大脑比我们的宠物要发达得多，但思维反转对我们来说也很困难。

我们来做个思维实验。假设你在玩一个游戏，要从三个盒子中选择一个，每个盒子里都有未知数量的钱，分别是 100 美元、20 美元和 –20 美元（也就是说，如果你选择最后一个盒子，你将付给游戏组织方 20 美元）。[35] 你在选择前，我可以告诉你其中一个盒子的位置。知道了一个盒子的位置你就可以在三个盒子中选择你想打开的那一个。你想让我告诉你哪个盒子的位置呢？

你可能想问"哪个盒子里有 20 美元"，但正确答案是你应该问"哪个盒子里有 –20 美元"。如果知道输钱的盒子的位置，你就可以在两个赢钱的盒子中随机选择，无论怎样都能赚到钱。如果你是基于期望值做出选择（你也应该这样做），一旦你知道怎样避开 –20 美元的盒子，你的期望值就是 60 美元（赢 100 美元或 20 美元的平均值）。这比告诉你 20 美元的那个盒子要好得多，因为如果那样你只能选择那个盒子得到 20 美元，但如果你知道输钱盒子的位置，你就不但能避免损失，还有机会大赚一笔。在失败机会小的环境中知道如何避免失败才是成功的关键。

你可能觉得这很容易选，但其实要弄清楚并不容易。玩游戏的大部分人要求组织方给出的是赢 20 美元盒子的位置，而不是 –20 美元盒子的位置。对他们来说，要求给出他们选择得到的钱比给出他们选择避免损失的钱更容易。同样，从失败中学习需要你通过排除无效方案来找到成功的解决方案。

在游戏中，你是应该关注失败（找到 –20 美元的盒子）还是成功（找到赢 20 美元的盒子），或者在生活中失败和成功哪一个包含客观上对你更有利的信息，都取决于你所处的环境。如果你所处的环境中失败的机会小，那么失败就包含更多的信息。如果一家餐厅菜单上列的菜品都比较好吃，但只有一道菜会让你吃完不舒服，你就会想要知道应该避开哪道菜。相反，如果成功的机会很少，例如如果只有一种职业适合你的技能或者只有一个约会对象会让你开心，应该避免哪些职业或潜在伴侣的信息对你就不会有太大帮助。

正面和负面选择的绝对大小也很重要。如果只有一个选择很糟糕，其他选择都可以（比如，除了那个让你痛苦的经理，你可以和任何老板合作），你需要知道哪个是糟糕选择以便避开它。但如果所有的选择都不错，还有一个选择非常棒（比如，所有经理都不错，但有一个经理会让你真正成功和快乐），你就需要知道哪个是更好的选择。

从失败中学习很困难的另一个原因是，尽管我们过去失败过，但失败总会让我们措手不及。我们对失败没有准备，因为追求目标时我们没打算要失败。我们从不会主动去寻找怎么失败的信息，而只会去寻找如何成功的信息，所以失败时我们很容易忽略那些一开始就没想过的信息。"确认偏误"一词指的是一种倾向，即有选择地寻找和关注那些支持我们预期而不是违背我们预期的信息。期待成功时，你就会去寻找支持成功的证据。例如，如果我认为自己烹饪课学得不错，我就会等待证据来证实我的想法。做了一道好吃的菜，我就把这道菜当成我是个好厨师的证明，忽略那些与我想法不符的证据，例如我烧坏了十道菜。同样，如果你认为自己只可能有好的恋爱关系，你就只会注意到支持这个想法的证据，例如你们经常在一起，而忽略了警告信息，例如你的伴侣似乎和你在一起并不开心。

沃森选择任务创建于 1966 年，它是一个很流行的逻辑谜题，可以清晰地说明我上面说的这一点。在这个任务中，你看到的是一个表，表里是四张卡片的一面，卡片的正反两面要么是大写字母，要么是数字。如图 1 所示，你看到的四张卡片的这一面分别是"A""D""3""7"。你的目标是测试以下规则：卡片的一面有"A"，则另一面就有"3"。你会翻开哪张卡片来测试这一规则？

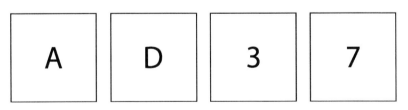

图 1　沃森选择任务。假如你是一名质量控制技术员，为一家纸牌游戏制造商工作。你必须确保卡片是按照以下规则制作的：如果一张卡片的一面有"A"，那另一面就有"3"。

你已经确定每张卡片的一面都有一个大写字母，另一面有个一位数的数字，请指出你需要翻过来的卡片，以确认这四张卡片是否符合此规则。

如果和大多数人一样，你会凭直觉把有字母"A"的卡片翻过来，以确保背面有数字"3"，而把有数字"7"的卡片翻过来确保另一面没有字母"A"不太可能是我们的直觉行为。（注意不能翻转其他卡片。你不需要检查有数字"3"的卡片，因为规则没有规定卡片的另一面应该有字母"A"，规则只是字母"A"的卡片另一面要有数字"3"。）

这个练习说明，我们往往会去寻找确认性信息而主动忽略寻找与我们的信念相悖的信息。人们期望自己的行动会成功，因此不会去找失败的信息，所以我们很难从错误中学习。

从负面反馈中学到的内容

20世纪60年代末，心理学家马丁·塞利格曼做了一个今天大多数人可能会认为很残忍的实验。尽管如此，这组实验还是教会了我们一些关于人类和动物天性的重要知识。

塞利格曼和史蒂文·迈尔召集了三组狗，并给它们全部套上挽具。[36] 第一组只需戴着挽具坐在那儿；第二组被放在一个面板前，然后施以电击，但它们用鼻子压面板就可以切断电击的电源；第三组（也是最不幸的一组）也被施以电击，但没有面板可按，也就没有办法逃避疼痛。

当这些狗懂得了可以做什么来躲避电击（第二组）或者没有机会

躲避电击（第三组）后，所有的狗再被一个一个地放进一个箱子里，箱子用栅栏隔成两个空间。狗被放进去的那一侧空间的地板通着电，站在这一侧的任意位置，狗都会被电击。但箱子的另一侧没有通电，如果它们能跳过栅栏，就可以不再被电击。

在实验第一阶段被分入第一组和第两组的狗，会努力尝试跳过栅栏避免电击，但第三组，即第一阶段时只能被电击，没办法逃脱的那一组中的大多数狗，这次根本没有尝试去躲避电击，只是躺在带电地板上发出呜呜的哀叫声。

后来塞利格曼在人类身上做了类似的实验（不是用电击，他自己也知道电击太残忍）。[37]他的人类实验对象需要在重新排列单词中的字母（如把 BIATH 排列成 HABIT）时，承受巨大的干扰注意力的噪声。和狗的分组方式一样，实验对象也是先被分为三组：第一组没有噪声干扰，第二组按 4 次按钮就可以避免噪声干扰，第三组的噪声则没有办法避免。之后所有人又被安排进入一个新的环境，在这儿他们都会听到噪声，但如果愿意，他们可以自己关掉这些噪声。和狗的反应类似，第一组和第二组之前没噪声或可以避开噪声干扰的实验对象，他们选择关闭了噪声，而第三组中的大多数人却没按可以消除噪声的按钮，虽然他们完全可以这样做。

塞利格曼把动物和人类在多次被惩罚后再面对惩罚时被动接受的这种倾向称为"习得性无助"。它抓住了人从负面反馈中可能会学到的最缺乏适应性的一课：糟糕的事情发生了，而你对此绝对无能为力。当所有的负面反馈都告诉我们这个世界不友善时，我们就会被动地接受消极结果，相信改善状况不是我们能控制的事。

在习得性无助中，人们确实从负面反馈中吸取了教训但却是错误的教训，不能反映我们对结果的控制程度。正如你现在所知道的，对目标的投入源于相信目标是有价值而且是可实现的。但出现习得性无助后，人们会感觉目标无法实现，觉得无法控制发生在自己身上的事，所以对目标的投入度就会很低，这也是受虐女性难以离开施虐者的原因之一。从未经历过虐待关系的人通常无法理解为什么那些人不干脆离开，塞利格曼告诉我们，在遭受了似乎无法逃避的虐待之后，人们会相信自己没有能力避免更多惩罚。这方面也有不那么悲惨的例子。习得性无助解释了为什么过去戒烟没成功的人会相信他们永远也戒不掉了，以及为什么有些人选择不去投票。以前投过票但没看到任何变化（可能因为以前投的人没有当选），他们会认为选举过程没什么意义。

幸好我们从负面反馈中学到的不总是缺乏投入。遇到挫折时负面反馈也可能是进展缓慢的信号，这种反馈会激励我们采取行动。因此，我们从负面反馈中学到的无论是缺乏投入还是进展缓慢，都决定着负面反馈对动机的影响。人们把负面反馈理解为缺乏投入的信号时他们就会放弃，理解为缺乏进展的信号时他们就会更有动力地去努力工作。

想想踩在浴室体重秤上的时候。如果你一直在努力减肥但还没看到体重下降，你可以用两种方式解释这一负面反馈。如果你认为这意味着你缺乏能力或意愿要保持健康的体重，你就会气馁并不再去努力。相反，如果你认为这意味着你还不够努力，现在这个结果也在预期之内，你就会有动力坚持下去并继续努力减肥。

根据心理学家卡罗尔·德韦克的说法，人们对自己的智力有两种不同的理解。有些人相信他们的智力可以通过练习得到发展，他们持有的是"成长型心态";[38]另一些人则认为他们的智力是静态不能改变的，他们持有的是"固定型心态"。这些不同的理解影响着他们如何从负面反馈中学习。相信智力可以通过努力和投入得到发展的人从负面反馈中学习到的是，落后意味着他们应该更努力地工作，而那些相信智力是天生的，再多练习也改变不了的人，从负面反馈中学习到的是他们不聪明，这一想法就会阻碍他们进一步学习。

那么，谁会凭直觉发展为成长型心态呢？谁会在收到负面反馈后更努力工作呢？事实证明，我们都有成长型心态，或者至少有发展这种心态的能力。

投入和专业知识

思考一个对你很重要的目标，一件你绝对投入的事，可以是平凡小事，如保持卫生，也可以是能定义你的事，如做父母或做老师。不管是什么事，你越投入就越不可能问自己"我够投入吗？"，负面反馈也越不可能让你怀疑自己的投入度。例如，如果你很注重个人卫生，有人说你衬衫上有污渍或身上有怪味，你不会去重新评估卫生对你是否重要，而是会赶紧去洗澡或者换衣服。如果为人父母是你的重要身份之一，孩子生你气时你不会重新评估自己是否还想做他／她的父母，相反，你会专注于解决问题的最好方法，即好好养育自己的孩子。

你越投入就越不可能受负面评价的影响。但如果你还不够投入，你就可能会把负面反馈当作不应该投入的信号。你越不投入就越难在失败后保持动力。如果你刚开始在一家汽车经销店工作，发现自己在销售排行榜上垫底（哎哟，惨叫一声），你可能会觉得卖车不适合你。

拥有经验和专业知识对我们也有类似影响，容易将负面反馈看成缺乏进展而不是应该放弃的信号。当积累了专业知识并因此对自己的投入更有安全感时，人们更容易受到负面反馈的激励，并从负面反馈中学习到要更努力地工作。卖车卖了几十年的销售人员不会因为自己在排行榜上垫底而气馁，反而会更有动力重回巅峰。为同一个目标奋斗了几年甚至几十年的人不会怀疑自己的投入，他们从负面反馈中得出的唯一可能的结论就是应该更努力地工作，他们已经形成了成长型心态。

斯泰西·芬克尔斯坦和我在一项研究中发现了这种模式，这项研究比较了"专家"和"新手"对他们回收习惯的反馈所做的反应。[39] 无论他们是不是环保组织的成员，本科生都会收到对他们回收习惯的反馈。其中一半人因为正确的回收习惯而受到表扬，而另一半人则被告知他们的回收方式不正确。因为回收很复杂，我们在告诉他们做对或做错时并不需要撒谎。几乎每个人都会犯一些错，也几乎每个人在某些地方都做对了。告知那些高度投入的环保组织成员，他们的回收行为有错误，会促使他们采取进一步的行动。参与研究的每个人都参与了有望赢得25美元的抽奖活动。在研究即将结束要宣布中奖者之前，我们询问每个人愿意捐赠多少奖金来改善环境。得到负面反馈的环保组织成员比得到正面反馈的成员更愿意捐赠更多的钱，但在非环保组织成员中，负面反馈并没有产生同样的效果，相反，在得到正面反馈后，非成会员会更有动力捐赠他们的奖金。

当有经验或专业知识时，我们会更容易包容负面反馈，因为我们知道自己可以做决心要做的事并渴望把事情做好。因此，负面反馈不仅能提供有用信息，甚至还会提高动机。此外有了专业知识，负面反馈也会更少，因为与新手相比，专家常常会做得更好。例如，一位专业钢琴演奏家大部分时间都演奏得很好，罕见的负面反馈可以传达独特和有用的信息，这就是为什么指出专业钢琴家的错误会比强调他所有做对的地方对他更有帮助。

寻求和给予反馈

投入和专业知识不仅会改变我们对负面反馈的反应，也会改变我们所寻求的反馈。虽然在开始追求目标时，人们往往不会主动去寻找负面反馈，但投入会多少改变这一点。投入的专家比新手会更多地寻求负面反馈。对自己的能力和行为有信心时，你就会更愿意学习如何提高自己。

芬克尔斯坦和我在一项研究中第一次发现了这一点。我们问上初级和高级法语课的美国大学生，他们更喜欢什么样的老师，是强调学生做得很好，总是反馈优点的老师，还是指出学生的错误并提供建设性反馈意见的老师。我们发现，高级班学生比初级班学生更接受提供负面反馈的老师。学习一门课程的时间足够长后，你就不会那么担心负面反馈会摧毁你的投入度，你甚至期望它激励你更努力地学习。

谁能忍受或不能忍受负面反馈，大多数人凭直觉就可以知道。一般来说，我们会给那些我们认为是专家或经验丰富的人更多的负面反馈。我们大多数人不需要掌握动机学就知道不能对初学者太苛刻。你知道不能对一个刚学打篮球总丢球的孩子太苛刻，这就像我刚跟着学习了几个月的瑜伽教练知道要对我更宽容一些一样。在一项测试员工在工作场所如何给予反馈的研究中，我们也发现了这一点。[40]那些听员工做汇报展示的人认为，做展示的员工在公司工作的时间越长，他们给出的反馈就会越苛刻。

在负面反馈后保持动力

我们现在已经知道了人们通常是如何应对负面反馈的，那又该如何确保自己从错误中吸取教训并保持动力呢？

问进展

为了保持动力，我们希望负面反馈是"进展缓慢"而不是"投入不够"。问自己一些问题来回应失败或负面反馈可能会有帮助。例如，问："我是不是没什么进展？"这会促使你把负面经验设定为一种可能激励你取得进展的方式，你可能会觉得自己进展太慢而想要加快步伐。相反，如果问："我是不是不够投入？"则会让你重新评估你的投入度，很可能结论就是投入不够，由此你会推断自己不适合这个任务或者这个目标不适合你，你的动力就会降低。

如果你对自己的投入有信心，问目标的进展就会更容易。你对自己能力和未来前景的信心往往比你的实际能力和前景更能预测你能否掌握一项技能。在蹒跚学步时，引领你的是对自己内在力量的自信而不是已经被证明的能力；你在学习读写时也是如此；在游泳池里游完第一圈，你才会知道自己可以浮在水面上。孩子们投入地去掌握这些技能，虽然没有任何先验证据证明他们能够做到，但是自信而不是证据让他们去开始一项任务。在追求目标的路上，自信也可以保护你免受负面反馈的消极影响。

学习心态

另一个解决方法是强调成长的学习心态。在学习时，你的目标不是要做好而是提高技能。虽然错误和挫折离你要做好的目标很远，但这些可以让你朝着提高技能的目标这一正确方向继续前行。菜做砸了，你可能没吃上可口的晚餐，但学到了宝贵的烹饪知识。所以如果你的目标是学习而不是把某件事做到完美，即使失败了你也是在进步。

成长型心态的训练是久经验证的好方法，它可以提高我们的韧性，从而使我们更好地应对挫折、困难和失败带来的负面影响。为了培养成长型心态，你需要理解学习就要经历困难和坚持克服困难。接受过这种训练的人都明白，大脑不是静态的，它在你面对挑战和克服挑战时会不断地学习和发展。无论是成功还是失败，如果能从经验中学习，你的大脑就会成长。在一项关于成长型心态的研究中，戴维·耶格尔发现，不到一小时的训练可以在几个月后帮助平均学分绩点较低的九年级学生在核心课程中取得更好的成绩。[41]

保持心理距离

第三个解决方法是远离自己的失败经历。别忘了，从他人的失败中我们学到的和从他人的成功中学到的一样多。当你的自尊没有受到伤害时，你就不太可能对此无动于衷。与自己的失败保持心理距离，想象它发生在一个陌生人身上，你应该就可以从中学习并保持动力。

提供建议

在失败后保持动力的第四个策略是给那些在类似问题中有困难的人提供建议。想想让你挣扎的事例，如你的财务状况或控制你的脾气。现在设想一下你可以给另一个与此做斗争的人提建议。大多数人都不愿意对自己还没掌握的事情给他人提建议，毕竟你自己都没做好，还怎么帮别人呢？但我鼓励你试试看。研究表明，提供建议可以帮助你重拾动力和信心。

要给建议，你就必须在记忆里搜索，找出你所学到的关于如何追求或不追求你的目标的内容。这种记忆搜索可以提醒你对此已了解多少。另外，在提供建议的过程中，你会形成具体的意图和行动计划，而这些有助于增强动机。如果这些理由还不够，提建议还能提升你的自信心。

埃斯克赖斯－温克勒、安杰拉·达克沃思和我在一项研究中测试了提供建议的力量。[42] 在这项研究中，一部分中学生要给低年级学生提供激励性建议，另一部分学生则是从老师那里得到类似建议，那些给建议的学生在之后的一个月里会花更多时间去做家庭作业。这种现象不仅发生在年轻学生身上，其他实验还发现，成年人在存钱、控制情绪、减肥或求职等方面都会遇到困难，如果被要求就这些方面给别人提供建议，与接受专家的建议相比，他们更有动力追求自己的目标。例如，与那些从招聘网站 The Muse 上了解到社交网络至关重要的失业者相比，为他人提供建议的失业者会更有动力去找工作。

隐藏的失败

我们经常在新闻中听到这样的事情：一位苦苦挣扎的厨师冒着巨

大的财务风险开了自己的餐厅，结果大获成功，大赚特赚；穷困潦倒的音乐人最终一举成名，在全球各地举办了音乐会；或者是像比尔·盖茨和马克·扎克伯格那样的人，从哈佛大学辍学创办了科技公司微软和脸书，后来这两家公司成为我们这个时代最具影响力的两家企业。基于这些鼓舞人心的成功故事，你可能得出的结论是：辍学、开餐馆、从事音乐事业都是明智的经济决定，毕竟这些故事的结尾都是成功。

如果你知道有多少人开餐馆后不到一年就关张，多少人一辈子都努力想在音乐上有所成就，但只能在当地酒吧表演，多少人大学辍学想创立下一个大科技公司却举步维艰，你还会做出这些选择吗？

在我们生活的世界里信息并不对称。我们听到的成功的故事比失败的多。如果能听到这些失败的故事，你可能会想到上述决定从经济上讲可能并不明智。平均而言，大学辍学的比大学正常毕业的人赚的钱少，而大多数餐厅和音乐家也都不成功。因为你没有听到过失败的故事，或者至少不像听到成功的故事那么多，所以你得到的信息是有偏差的。

大多数人会极力展示自己的好消息。我们用社交媒体分享自己升职或接到大学录取通知，我们发的照片捕捉的都是生活的亮点。如果你用我在社交媒体上分享的照片做判断，你会认为我的生活就像漫长的阳光假期，其实我住在年均温度都不怎么高的芝加哥。我们不会发朋友圈说丢掉工作、被学校拒了或是漫长而凛冽的冬天，坏消息往往会被我们埋藏在心里。

一般来说，我们也会把好消息带给更大的人群。我们会告诉所有关心我们的人，我们订婚了，甚至可能会在报纸上登个广告，但分手时我们只会和为数不多的亲密朋友倾诉。

这种信息不对称很常见。在谷歌或"油管"（YouTube）上搜索"成功"或"失败"，你会发现"成功"的搜索结果比"失败"的两倍还要多。

这可能会让我们相信成功就是更普遍，但对信息不对称的世界来说，这一解释不太可能。即使在失败比成功更普遍或二者同样普遍的环境中，我们听到的成功案例也比失败案例多。

例如招生决定，美国顶尖大学会拒绝超过90%的申请者，但你听到的故事多半是被大学录取而不是被拒绝。体育比赛也是有成功也有失败，从定义上看，几乎每场比赛都有一个队赢一个队输，成功和失败应该是同等的概率。但在查看自1851年以来《纽约时报》上有关体育比赛的报道时，我们发现关于获胜队的新闻远远多于失利队的新闻（该报中"输"和"赢"的出现比例为1∶1.4）。即使失败很频繁，我们也不会听到失败的消息。

失败被隐藏起来有可能是因为听众偏见。如果人们喜欢听成功故事，媒体人就会为受众量身定制成功故事。事实上，我们不只对《纽约时报》体育版的文章进行了分析，还发现关于成功的文章是关于失败的文章的两倍，这与普遍认为报纸是靠坏消息赚钱的想法正相反。看新闻时，你更有可能看到的是关于名人的轻松有趣的故事，而不是有关公立教育糟糕现状的严肃报道。即使在新冠肺炎疫情期间，《纽约时报》使用"成功"和"快乐"的频率也比"失败"或"悲伤"要高。

信息不对称的另一个原因是，我们希望以积极的方式展示自己以便保护自我。如果我告诉你的是所获的奖项而不是仅被提名但没获得的奖项，你对我的印象会更好，所以我在简历上只会提所获的奖项。同样，在每次成功的科学发现之前都有很多次失败的实验，这已是公开的秘密。托马斯·爱迪生很有策略地描述了失败实验的现实，他说："我没有失败，我只是发现了一万种行不通的方法。"科学家的日常工作就是梳理失败。我们偶尔会有些有趣的发现，但不会去写那些没走通的想法，只会把这些留给自己。

除了人类倾向于尽量保守失败的秘密，成功和失败的不对称也源于我们错误地相信失败中没有什么有价值的信息。如果认为从失败中学不到什么，你就会把这些经验留给自己。因为从失败中吸取教训很棘手，所以失败经历大多是私密性的。

有项实验可以说明这一点，实验参与者可以选择一些信息与另一个人分享，以提醒并教育他们，这些信息可以是他们已知是错误的信息，也可以是正确和错误概率相等的信息。[43] 他们可以说，"我以为答案是 A，但我错了"，或者说"我认为答案是 B，但我不知道是否正确"。大多数参与者更喜欢告诉别人他们不知道自己是对还是错，而不是告诉别人他们确定自己之前弄错了，尽管告诉别人哪一个肯定是错的能够更好地帮他们找到正确答案。

这个实验用一个简单的任务研究了隐藏在我们不愿分享失败教训背后的心理。研究结果揭示，我们更愿意愉快地向朋友推荐一个课程、产品或约会对象，而在告诉朋友他们应该避免的课程、产品或约会对象时，我们则会犹豫。这种心理会导致我们的世界信息不对称，失败被隐藏而成功无处不在。这种信息不对称对我们想成功追求目标又意味着什么呢？

事实证明，隐藏的失败中也隐藏着宝贵的信息。关于如何才能成功，失败往往比成功能提供更好、更丰富的信息。失败的负面信息通常有两个特点使其更有价值：第一，它往往是独特的；第二，虽然少见但它内容更详细。[44]

负面信息是独特的

托尔斯泰的名作《安娜·卡列尼娜》中开篇的第一句话是："幸福的家庭都是相似的，不幸的家庭各有各的不幸。"动机研究人员很赞同这句话。失败的负面信息是独一无二的。就像巧克力饼干的食谱一样，成功的食谱大多是相同的。两条负面信息往往各不相同，而两条正面信息则往往很相似，这正是亚历克斯·科赫、汉斯·阿尔维斯、托比亚斯·克鲁格和克里斯蒂安·翁克尔巴赫在研究中所发现的。

以上研究人员称，多样性差异的存在是因为同一件事物中成功案例的变化幅度（即统计学差异）小于不成功事例的变化幅度。例如个人性格特点。对于任何一种性格特点，我们认为好的或者可取的范围相对较小，过多或过少地展示某一特点都会被认为是不好或不受欢迎的。以友好为例，所有友好的人在社交中表现得都很相似：彬彬有礼，和蔼可亲，关注别人说的话。但表现得过于友好是不可取的，如果某个人在一群人的聚会上过于活跃和健谈，和每个人都攀谈，就会被看作他是在求关注。但表现得太不友好也同样不可取，聚会上缩在一旁的人会被认为太害羞。"求关注"和"太害羞"有着天壤之别，但两个标签都是在描述人们表现出的友善程度。同样是不可取的友善程度，但两种人可能有巨大差异。同样的原则也适用于慷慨的品质。慷慨的人都类似，他们愿意与他人分享自己的资源，但他们也可能因为对金钱或时间太小气或太挥霍而在慷慨品质上丢分。同样，那些没能做到适度慷慨的人彼此之间可能有很大的差异。小气的人和挥霍的人之间的差别要明显大于两个慷慨的人之间的差别。一般来说，即使在某方面我们都没做好，你的错和我的错也会有不同。你的失败对你会有更多信息，因为你的失败是你所独有的，它和我的不同。

这一点对我们为追求目标而收集信息很有意义。很多目标实现的方法或途径都很相似，但我们没能实现目标的方式或原因可能各种各样。一个人可能运动太多受了伤，而另一个人则因为运动太少身材走了样。这些不同的错误为注重健康的人提供了独特的信息。当错误、失败或负面信息更多样化时，我们就有更多可以学习的东西。如果是以各自独特的方式失败，交流失败信息时我们每个人都可以有独特的贡献，但如果都是以相似的方式获得成功，那么分享成功经验并不能让我们获得多少信息。

负面信息是详细的

我们在生活中期待的是一切顺利。事情进展顺利时，我们不觉得要解释原因，毕竟这是我们所期待的，但如果出了问题，而且我们并没有选择忽视并注意到了差异，我们就会觉得有必要给个解释。不能忽视失败时，我们不如把失败弄明白。

这种解释负面结果的倾向在我们日常词汇的使用中表现得很明显。好的牛奶不会称之为"好牛奶"，而只称作"牛奶"，而坏掉的牛奶则被称为"变质牛奶"。因为好的状态是人们所期望的，无须更多解释，而不好的状态则需要详细解释。如果你准时来参加会议，你不用解释为什么准时到了，但如果你迟到了，你就会觉得有必要告诉大家是公交车晚了，或者你在路上遇到了大堵车。

因为负面经历需要精确的解释，很多语言中描述负面情绪的词汇比描述正面情绪的词汇要多。[45] 如果你感觉不好，你会想让我知道你很难过，但你不是生气或沮丧，要表达准确，你就要依靠丰富的负面情绪词汇。但如果你感到快乐，你就不会太在意描述是否准确。如果我错把你的快乐当成了开心或愉悦，也没关系，这些情绪反正都有重叠。

我们以产品评论为例来说明我们会详细描述负面体验的倾向。对产品的负面评论不如正面评论常见，因为我们不喜欢分享让人失望的产品信息。但人们在写负面评论时，往往会更详细精确。如果你对一双新鞋很满意，就有可能会发一个短评说"这双鞋很棒！"，但如果你不开心，决定让别人也要知道你的感受，你就可能会写一大段，详细解释到底是鞋底、鞋带、设计还是送货没能达到你的期望。

结果就是，尽管失败的负面评价和分析很少，但往往比成功的正面评价和分析能提供更好的信息。一项研究给我们提供了一个有趣的例子，该研究让人们根据对每家餐厅的评价来猜测这几家餐厅中哪一家排名更高。他们或者只看正面评价，或者只看负面评价。正面评价都极其相似，所有评价人都提到喜欢那里的菜，让人很难区分排名最好的和排名靠后的餐厅。而负面评价的范围则很广，有人提到价格高，有人说菜做得太干。因此，那些看负面评价的人更容易辨别哪家餐厅最好。[46]

负面评价甚至能预测未来的表现。那些关注负面影评的人能够预测哪部电影会赢得奥斯卡奖，而那些只看正面评论的人则不能。

把这两点放在一起就是：失败是独一无二的；关于失败的信息虽然很少但有详细阐述，你能从中得到成功的秘诀，即从失败中学习。

问自己的问题

本章探讨了为什么人们往往很少能从失败中学习。负面反馈会让你失去兴趣、不再关注，也就不再会去学习。在极端情况下，它会导致习得性无助，让你吸取错误的教训。这里的悖论是，失败是隐藏的，但只要我们愿意去深入挖掘并从中学习，就能获得有价值的信息。我们要认识到负面结果提供的独特信息对成功至关重要，应该学会寻找并从失败的信息中学习。你可以问自己以下这些问题：

1. 是什么让你投入自己的目标？是什么让你成为追求目标的专家？相信自己的目标触手可及会让你更有可能从负面反馈中学习。

2. 你能从培养能力而不是证明能力的角度来思考对目标的追求吗？请记住，无论你追求的目标是成功还是失败了，你一直都在学习。

3. 你能依据自己的不幸经历给别人提建议吗？试着把你吸取的教训以建议的形式传递给别人。

4. 你能从观察别人的成功和失败中学到什么？从别人的失败中学习往往更容易。

5. 在确定实现目标的最佳途径时，你会密切关注失败的信息吗？不用局限于自己的失败，听听那些成功的人和失败的人怎么说，从他们的分享中吸取经验和教训。

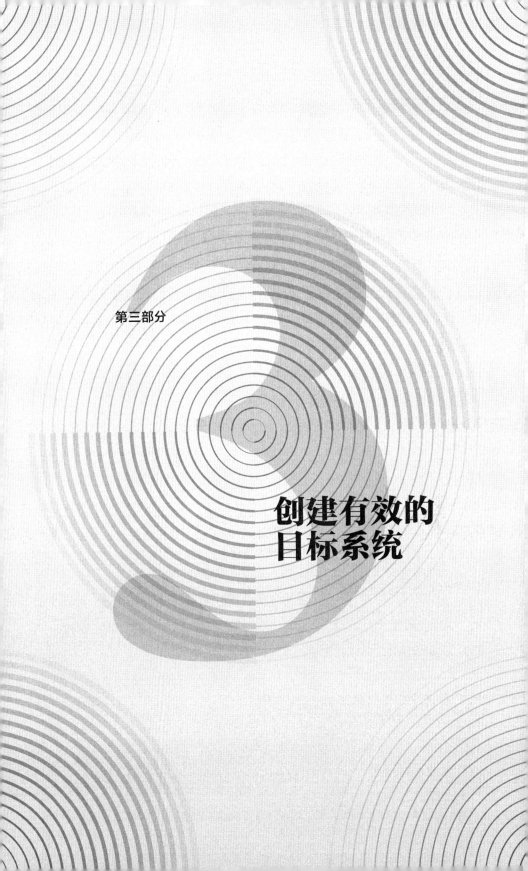

第三部分

创建有效的
目标系统

被认为是"存在主义之父"的 19 世纪丹麦哲学家索伦·克尔凯郭尔主张"清心志于一事"。动机研究者认为，这一建议虽然很鼓舞人心，但不准确，也不切合实际。同一时间你想要的总是不止一件事，你可能同时想购物、吃饭、工作和娱乐。在你看这些文字时可能也会忍不住想做一些其他事。根据盖洛普的调查，一半的美国人每天都没有足够时间去做他们想做的事。[1] 对我们这些感觉时间不够用的人来说，目标堆积的速度总是让我们无暇应对。

按顺序追求目标，即完成一个再开始另一个，是不现实的。首先，目标需要时间来实现，有些目标可能需要一生的努力。你不能等着先拿学位再去寻找一段感情，就像你不能把健康问题先搁一边去开启你的事业一样。此外，我们有多个目标是因为我们是生活在一个同样复杂的世界里的复杂生物体，会有很多需求，我们别无选择，只能同时满足几个需求和愿望。

虽然克尔凯郭尔"清心志于一事"的建议不现实，但这句话蕴含着智慧。我们努力同时实现多个目标时可能会出问题。想要成功，我们就需要关注沿途可能遇到的障碍。我的建议是用下面这句从心理学上看更合理但不太鼓舞人的格言代替 19 世纪的哲学：选择你要打的仗。

当涉及追求目标时，选择你要打的仗即你要优先考虑一些目标而推迟其他目标。你权衡一下自己的目标，决定什么时候对哪一个目标给予更多关注。如果幸运，在这个过程中你可能会找到同时实现多个目标的方法。如果你幸运地和你的健身教练恋爱了，你就可以同时实现恋爱目标和健身目标。但这种完美组合可能很难实现。当我们在生活的不同领域有着不同的目标时，这些目标往往会把我们拉向各自的方向。如果把追求晋升比作投飞镖，那么其他目标，如收养一只小狗或者马拉松训练，就是把飞镖从靶心移开的引力。

动机科学使用"目标系统"这个短语来描述我们如何在头脑中组织自己的目标。我们的每一个目标都与实现它的方法相关联。这组方法可以被我们视为"子目标"。目标每前进一步，都与一系列重要的大目标或者我们生活的"宏观"目标相联系。例如，如果你的目标是跑马拉松，子目标可能是买一双新运动鞋，宏观目标可能是身体健康、体形健美；如果你的宏观目标是在事业上取得成功，你的目标可能是升职，相关的子目标可能是更守时。

平行的目标，比如发展事业和养家，是以"抑制"或"促进"的方式联系在一起的。如果你认为一份稳定的工作有助于养家，那么你的职业目标将会促进你的家庭目标，但这些目标也可能会相互阻碍，比如你认为事业会影响你的家庭或者担心你的家庭会影响你的事业。我们的特定目标和我们理解它们相互作用的方式对我们每个人来说都是独特的，就像每片雪花都是独特的一样。尽管如此，管理所有目标系统的原则是通用的，理解它们可以让我们设定更明智的目标，并在追求这些目标时选择更好的行动。

在这一部分中，你将学习如何创建一个有效的目标系统（第九章），学会识别什么时候"诱惑"和"缺乏自我控制"会成为你的拦路虎（第十章），以及了解耐心在管理多个目标中的重要性（第十一章）。虽然你永远不会只做一件事，但你将学会如何去选择要打的仗并打赢这一仗。

第九章

掌控多目标，选择你要打的仗

我想写一本书，我想恢复身材，我想和朋友聚聚，我想和伴侣共度时光，我想念孩子们。今天我想为这些心愿做点事，而所有这些想法都是我在今天午饭前的内心独白。

我们想做很多事情，其中一件事情是如何被其他事情影响的呢？要回答这个问题，我们首先需要了解我们的目标系统：焦点目标、其他目标、每个目标的实现方式和宏观目标这四者之间的关系。

当所有目标都由同一组行动实现时，一个目标必然会促进另一个目标的实现。自己做的午餐便宜又健康，所以从家里带午餐既省钱又可以支持健康饮食目标。但当目标由不同的行动实现时，追求一个目标可能就会影响到另一个目标或者与另一个目标产生冲突。自己做午餐可能更便宜、更健康，但会影响我准时上班的目标，因为我做饭慢而且早上原本就很忙。当一个目标与其他目标发生冲突时，你就会遭遇困难，很难去坚持明知会破坏另一个重要目标的一系列行动。

在目标系统中，决定如何追求多目标的动机原则是"实现目标最大化"。根据这一原则，我们要选择对尽可能多的目标产生积极影响的行动，同时最小化对其他目标的负面影响。例如，你可能会选择诚实，因为这符合道德，也有助于建立牢固的关系，但如果诚实影响到人际关系你就要三思了，如告诉老板她的做法让项目进程滞后或者告诉朋友你觉得她的新裙子很难看，坚持道德可能不值得你去破坏升职机会或伤及你的友谊。

实现目标最大化的原则限制了我们的行动选择。我们要么寻求折中（例如在诚实和维持关系之间），要么优先考虑某些目标。根据目标系统的构成和实现每个目标的方法的相互作用，我们有时会平衡一下不同目标，各个目标都会尽量兼顾；有时会选择只关注一个目标，暂时不看也不想其他目标。

实现目标最大化原则

当我们同时有多个目标时（我们所有人都是如此，而且一直如此），我们会把目标按层次组织起来。想想动物的分类方式，首先是界，然后是门，之后是纲、目、科、属，最后是种。你的目标也应遵循类似结构（如图2）。在该结构的顶端是一般和抽象目标，如对社会关系、财富和健康的渴望，这些通过子目标或手段来实现。为了培养社会关系，你可能会把结交新朋友作为子目标，这些子目标或实现手段又由它们自己的子目标或手段来帮助实现。你可能会决定加入一个园艺小组，以便能结交和你一样对植物感兴趣的朋友。除了一些最高层次的目标（例如，过有意义的生活），我们追求的每一个目标同时也是实现其他目标的一种手段。

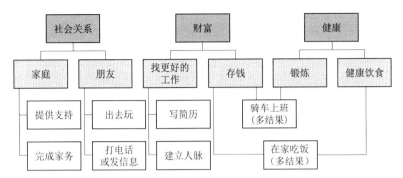

图2 这是一个简单的目标系统。顶端是三个总目标，每个目标都有子目标，而每个子目标也都有自己的实现手段。实现手段的右边列出的是多目标结果，即可以同时服务于两个子目标。骑自行车上班既锻炼身体又节省交通费用，在家做饭往往更健康也更省钱。

此外，在目标系统中有些手段是"多结果"的，可以同时服务于多个目标。你可以将这种目标结构看作"用一个面包喂两只鸟"（这样说比"一石二鸟"的比喻对动物更友好）。以骑自行车为例，骑车是一种健康环保又经济的交通方式，因为它有实现多个目标的潜力，可以同时实现增加锻炼、减少碳排放和省钱的多个目的，是一项多结果的活动。

根据实现目标最大化的原则，多结果手段更可取。你更希望做一件事时就可以一次实现多个目标，但目标越多，这些目标组合就越难实现。想象一下，你站在美食广场环顾四周却完全不知道该吃什么。虽然填饱肚子可以有太多选择，但有时候你觉得找不到想吃的，是因为在选择食物的时候你想满足一大堆其他目标。你可能同时希望你的食物美味、健康又便宜，还得是你最近没吃过而且很快就能做好的。毕竟你很忙，没那么多时间等餐。

为了研究目标越多意味着午餐选择越少的过程，我和卡塔琳娜·科佩茨、蒂姆·费伯、阿里·克鲁格兰斯基调查了午餐前后进入美食广场的人们。我们让他们在进入美食广场时写下今天午餐后的目标，然后每个人再列出自己可以接受的午餐选择。在众多餐厅可提供的无数选择中，人们实际列出了多少选择呢？事实证明没多少。那些列出当天目标的人可接受的午餐选择就更少了。[2] 想到下午要做的事你可能就会想，午餐时间有限，你下午要精神饱满，午餐最好让你撑到晚餐时间。换句话说，你的选择只能是买个三明治当午餐了。

可悲的是同样的过程也会发生在寻找伴侣时。虽然你的主要目标可能是寻找真爱，但其他目标，如经济条件好，而且家人也认可，有可能会限制你的选择。虽然你说自己在寻找真爱，但实际上你同时在寻找真爱、经济支持和父母的认可。这些额外的背景目标可能会大大减少你的选择。

在建立目标系统时，你可能也会遇到"同结果手段"，即所有手段都服务于相同目标。"条条大路通罗马"很好地诠释了这一目标结构。例如，骑自行车、打高尔夫和攀岩都可以实现你的健身目标。同结果的手段可以互换，因为任何一种手段都可以起到同样的作用。

同结果手段也常常会造成竞争，选择了其中一个之后其他手段就会显得多余。你可能是为了锻炼而骑自行车，但一旦你又报名参加了一个新的健身班，你可能就会放弃骑自行车，因为两种活动都能帮你实现健身目标，你会觉得有必要选择一个，但别忘了骑自行车也能实现其他目标，如省下开车的油钱，而且绿色出行更环保。这种情况下，新的健身班只会破坏骑车可实现的多个目标中的一个，所以即使有健身班，你也可能会继续骑自行车。

虽然同结果手段之间相互竞争，但它们的存在会提高你对目标的承诺。我们在第五章讨论过，建立承诺的一个重要因素是知道你的目标可以实现。有了同结果手段，你想到有多条路径可以实现目标会感觉更有信心。对那些不确定自己的目标能否实现的新手来说，提高承诺度最关键。健身房的新用户了解到健身房可以提供的各种锻炼选择（舞蹈课、跑步机、踏步机和游泳池）时会感觉更有动力。[3]尽管她可能永远不会去上搏击课或呼啦圈课，但知道有这么多的选择会让她相信总有一些选择适合她，这会激励她换上运动装去健身。虽然有多种方法时你会更投入地去实现目标，但如果你已经选择了一种手段或途径，再接触其他手段或途径可能也不会有更大帮助。例如，你已决定了学尊巴舞，即使之后听说有水中有氧运动，你也不会感觉更有动力。

是什么让手段正确

熊猫爱吃竹子的程度，应该超出了我对任何吃过或未来会吃到食物的喜爱程度。尽管我没有什么直接的方法来评估熊猫对食物的主观享受，但我知道，没有一种食物能够完全而且彻底地满足我的味蕾。相比之下，熊猫的食物几乎全是和竹子相关：竹叶、竹茎和竹笋。对熊猫来说，实现它们的目标——充饥，只与吃竹子一项活动有关。竹子无疑是熊猫吃过的最美味的食物，别的根本无法与之匹敌。

但人类有很多种食物可以充饥，而且每种食物都能满足很多需要，如符合预算或影响健康。我们的食物既可以同结果也可以多结果。想到我们吃的食物种类和食物所实现的目标之间的各种联系，可能没有一种食物能让我们这辈子就开心地只吃它这一种。

这只是个例子，用来说明当有太多方法可以满足一个目标时，没有一种方法会让人感觉是完全正确的。根据实现目标最大化的原则，我们会寻找能实现多个目标的活动，例如一项能让我们四处走动的运动。但一项活动服务于多个目标的问题在于，当它服务于一个个的额外目标时，我们会认为这个活动对我们的"正确性"降低了。

一种手段（无论是一个活动、一件物品、一个人或一根竹笋）和一个目标之间的心理联系会削弱这种手段与其他目标或者这一目标与其他手段之间的心理联系。如果一种方法服务于多个目标，或者一个目标有多个方法，那么方法与目标之间的联系就会被稀释。当通往目标的方法和目标本身之间的心理联系较弱时，采用这个方法时，目标不太可能出现在脑海中，而在寻找实现目标的方法时，这一路径方法也不太可能出现在脑海中。

当这种心理联系很强烈时，一个活动、一件物品或一个人会显得对实现目标极其重要。假设你想不出比骑自行车更好的锻炼方式，在你心目中骑自行车就与锻炼密切相关。但是如果你能想到还有其他喜欢的锻炼方式（骑车是同结果手段之一），或者你可以通过骑车实现其他目标（骑车是多结果手段），骑车似乎对锻炼就没那么重要了。你可以想到很多其他方法来锻炼，骑自行车也有很多其他理由，最终你骑自行车锻炼的决心可能就会减弱。

由于这种稀释作用，我们经常会放弃实现目标最大化的原则，而倾向于"单结果"方式，即某些行动、目标或人只帮助我们追求一个目标，并因此与这个单一目标紧密相关。

你们可能还记得我们在第三章也讨论过类似的稀释问题。我解释了多功能产品常常会遭遇失败，因为对这类产品来说似乎每一项功能都没那么重要。激光笔看上去既不像激光棒也不像笔，但在现实中，它兼具两个功能。其他发明也遭遇了类似失败，比如熨衣板可以折叠成墙面镜，雨伞可以折叠成咖啡架，这些都是有创意的真实发明，但销量平平，因为它们的每个功能似乎都没有发挥出应有的作用。

虽然多结果手段可以实现多个目标，但当多个目标的存在削弱了它重点目标的作用时我们就会拒绝这些手段，这可能是因为我们其实不太关心这些额外目标。这些额外的好处对我们来说可能没用或用处不大。以犹太教洁食 Kosher 为例。如果你不喜欢吃犹太食品，即使你去的超市里有 Kosher 专区，我敢说你也不会去买。你认为这些食物是为了同时满足人们的味蕾和宗教生活方式的需要，这种双重联想会让你怀疑食品是否好吃。伊塔马尔·西蒙森、斯蒂芬·诺里斯和雅艾尔·西蒙森在实验中发现，当某冰激凌广告宣传自己是 Kosher 时，这就明显降低了不信犹太教的消费者对这款冰激凌的兴趣。[4] 潜在消费者不是没有注意到广告中的冰激凌这个无关紧要的好处，而是把它看作冰激凌味道不好的标志。

人们对于多结果手段的成见，可能更清晰地表现在：如果某产品或活动与多结果手段相反，即仅为一个目标服务，同时还会破坏另一个目标，人们往往会更喜欢它。例如，人们往往会错误地推断痛苦会增加收获，就像那句经常误导我们的老话说的那样，"没有痛苦就没有收获"。最初是 20 世纪 80 年代简·方达在她的有氧运动视频中用了这一古老短语，并把它作为锻炼的座右铭，这让它焕发了新生并被广泛应用。一项研究发现，很多人认为引起不适的灼烧感的漱口水会比无不适感的漱口水更能消灭细菌。[5] 了解到一项活动或产品会破坏一个目标（无痛苦感），可能会让它看起来对另一个目标（杀死细菌）更有用。

同样的心理也可以解释青少年可能会做的自我毁灭式的鲁莽决定。青少年经常会有意地选择对香烟上瘾，或尝试可能上瘾的非法物质，如酒精和其他毒品。他们这样做不是为了最初的享受，因为第一支烟或第一杯啤酒很难让他们感觉很享受，他们做出这些选择是因为想要融入群体，但为什么自我伤害会成为通往理想社会群体的通行证呢？一个原因是自我伤害行为破坏了其他基本目标，如健康和安全。吸烟会发出一个明确信号，表明你想成为吸烟者中的一员，在开始吸烟时吸烟不会带来其他直接的好处，只会付出巨大的代价。开始吸烟是青少年愿意做出的牺牲，因为这样他们会有强烈的归属感。

与此类似的分析也适用于对整个社会有害的行为，如加入极端组织。一部分人往往把极端主义看作实现意义和获得尊重的手段。对他们来说，加入极端组织似乎满足了获得尊重的目标，因为它破坏了其他目标，如营造舒适的生活或善待他人。

总之，当我们寻求用多结果手段来最大化地实现多个目标时，或者寻求用同结果手段来增加对目标的承诺时，这些实现目标的路径通常也是有代价的。有些活动或产品会让我们感觉对实现焦点目标不太有用，因为它们同时服务于多个目标或者因为它们可替代。当优先考虑焦点目标时，我们通常更喜欢那些只服务于该目标的单结果活动或产品，因为"单结果"手段让人感觉很好，使用这些手段就像在实现目标一样，它们会更具吸引力。当采用高度工具性的单结果手段时，你会受到内在激励，这种感觉很好，你也不会认为还有别的更好的方法去实现目标。这解释了为什么热爱跑步的人无法想象生活中没有跑步，以及为什么熊猫喜欢吃竹子。

如果你重视吃有机食品但又想省钱，你就会被拉向两个不同的方向。吃有机食品往往很贵，那该如何解决买有机食品和不超出预算这两个目标之间的冲突？你如何在两者之间权衡？你是通过找中间立场来折中，还是交替着买有机和非有机食品，或者你会优先考虑其中一个目标而放弃另一个？

解决目标冲突有两种截然相反的方法：第一种是，如果你选择折中，即在两个或多个相反的目标之间取得平衡，你就能部分满足所有目标。没有一个目标会完全实现，但也没有一个目标会被完全遗忘。你选择推进所有目标。第二种是，你优先考虑某个目标，牺牲其他目标来专注于这一个目标。例如，我们在平衡事业和家庭时用的是折中方法，为了事业发展而推迟成家或者为了陪伴家庭而放弃事业时我们用的是优先方法；平衡健康饮食和不限吃喝时我们在使用折中方法，严格坚持健康饮食或完全放弃健康饮食时，我们是在使用优先方法。

当感觉在目标上取得了足够进展时，我们往往会选择折中的方法。在第六章里我们说过，想到已取得的进步时我们会觉得可以放松一下努力，处理一下其他有冲突的目标。但这种折中有时会成为放弃一个重要目标的借口。如果你自认为是好人就言行不当，对家人无礼或不给服务员小费，你就是在做动机研究中称为"许可行为"的事。[6] 你表现得好像因为在追求某个目标你就可以采取一些行动，否则你就无法为自己辩护。追求目标甚至成了你给自己未来与目标不一致的行为找借口的"通行证"。

例如，人们可能会在做正确的事和做容易的事之间选择折中。在这种情况下，如果他们是对的，他们就觉得有资格走捷径。伯努瓦·莫宁和戴尔·米勒在邀请普林斯顿大学的男生公开评价一些性别歧视的言论时，捕捉并记录了这种许可行为。正如我们希望的那样，学生们不接受这些性别歧视言论，但接下来在评估求职者时他们却被性别歧视言论蒙蔽了判断力。之前虽然明确表示过不认同"大多数女性更适合在家照顾孩子""大多数女性不聪明"等性别歧视言论，但这些男生却认为建筑行业的工作更适合男性而不是女性。说完他们所谓的女权主义观点后，男性感觉更有权力表达性别歧视的观点。其他研究发现，在 2008 年大选前声援巴拉克·奥巴马的美国白人，之后会感觉自己有资格发表含糊的种族主义言论，又声明某些工作更适合白人而不是黑人。[7] 尽管给奥巴马投票不能说明该选民就是民权倡导者，但确实会让一些人觉得他们再去表达种族歧视时就可以被原谅。参与平等主义行动，如支持黑人候选人，会让他们认为自己的其他不良行为可以被原谅。

看到追求的目标取得进展时，我们也不总是会选择折中。感觉到自己的行动表达了对目标的承诺时，我们会更优先考虑和重视自己的目标。这些行动非但没有让我们对自己的进步感到满意，反而会让我们加大投入，希望能做更多的事情。增加我们对一个目标的投入会减少其他冲突目标对我们的吸引力。因此，在上面的例子中，如果第一个行动增加了我们对种族和性别平等的投入，我们就会减少随后发生歧视行为的可能性。

在寻求丰富多样时我们也会选择折中。我们想有多样的产品或体验，而不是一直用某个喜欢的。例如，如果你每周一早上打包一周的零食，你很可能会选择不同的搭配来增加一周的食物种类。如果有时间提前考虑，大多数人预计自己会喜欢零食的丰富性和多样性。但如果你每天早上在上班前才准备零食，你更有可能每次都选同一种喜欢的零食，即优先选择这种零食。只有几秒钟时间做选择时，你会不断选择同样的食物，因为大多数人实际上喜欢吃的食物种类比他们想象的要少。

"多样化效应"是折中的另一个例子，它不是在冲突的目标之间而是在实现一个目标的手段之间选择折中。例如，把你的钱分到几个投资项目上，你就是在投资多样化。因为你不知道哪一种会赚钱，所以就在几种可能成功的投资途径上折中一下，把钱投在各种资产上。你也可以把精力投入和不同人的初次约会中，因为你不知道谁会成为你的另一半。无论是投资还是约会，你都是在通过多种手段去实现目标。相反，选择优先时你寻求的是一致性，会重复一系列行为，例如优先考虑某个约会对象时，你关注的是你们俩的关系。

不出所料，最终的折中就是"折中效应"，即偏爱适度选择而厌恶极端选择。因为中等或中间的选择能够部分满足几个目标，不会完全满足某个目标。当你点了中等价位的咖啡，买了一部中等价位的手机，或者进行了一次中等长度的徒步旅行时，你就在省钱和买更好的产品之间或者是在观光和放松之间做出了折中选择。由于折中效应随处可见，商家会利用你对中间位置的偏好来提升它们某些产品的吸引力，它们只需在可供选择中加一个极端选项，把你之前认为可能是极端的选项变成"新中间项"或"折中项"就好。例如，餐厅可能会在菜单中加入一瓶昂贵的葡萄酒，使过去价格高昂的葡萄酒变成价格适中的选择，让顾客把它看成他们心目中的中间价位，从而提高了这种葡萄酒的销量。

虽然常说要适度，但我们往往会选择优先项而拒绝折中。例如，我们可能会认为在办晚宴时同时提供便宜和昂贵的葡萄酒效果不好，即使是为了平衡招待好客人和开支有限的矛盾，我们也会纠结要不要给一半客人好酒、给另一半客人差的酒。类似这种情况下，我们会在招待好客人和省钱的目标中间二选一。

选择折中而非优先

在追求多个目标时，有几个因素决定了你是会选择折中还是会选择优先。第一个因素是你是否认为你的行为反映出你是谁，你的行为是否像自己或世界部分表明了你的身份或品行。

如果答案是肯定的，你往往会选择优先。因为选择折中就像对你是谁的问题发出了矛盾信号，所以你要避免折中。买了一辆电动汽车，却开着家里所有的灯，可能会给邻居传递出你在关注环保上不一致的信号，所以买了电动汽车后你更有可能会随手关灯。

以富兰克林·沙迪、伊塔马尔·西蒙森和我所做的一项研究为例，我们检测了人们在选择零食时会倾向于选择折中项还是优先项。[8] 实验人员向路人提供了两种免费零食，即相对健康的蔬菜脆片和相对油腻的薯片。在基准条件的实验中，约一半人会同时选两种，他们希望能够多样化，所以选择折中项。但如果实验人员在提供两种零食时旁边放上标识，询问人们是"注重健康的零食爱好者"还是"随性、开心就好的零食爱好者"时，只有少数人会同时选两种。那些标识暗示着选项反映了你是什么样的零食爱好者，这时候大多数人会两次选择同一种零食，这样就可以传达出他们追求的是同一个目标。他们选择了优先项。这个实验证明，环境中的线索会让人感觉行动能反映出我们是谁，因而也会影响到我们对目标做权衡的方式。

为了说明人们倾向选择优先项的另一个原因，我请你诚实地回答两个问题：

1. 你会以 50 万美元卖掉自己的某个器官吗？
2. 你接受性交易吗？

如果这些问题让你觉得尴尬，这很正常。很多人觉得这些问题让人不适也很不妥。这就是菲利普·泰特洛克所说的"禁忌权衡"，[9]即当用神圣的价值（人体）来换取世俗的价值（金钱）时，这种权衡看上去在道德上就是错误的。涉及道德困境时，人们往往会完全满足神圣考虑的方案而忽略世俗方案。这种情况下人们会赞成优先原则，因为健康比财富更重要。

这并不是说禁忌权衡在客观上讲就不对，只是很多人认为这样不对。这种权衡是否在客观上就是错的，属于哲学辩论的范畴，而哲学家更希望辩论悬而未决。如果你根据结果评估行为，那么你是结果主义哲学家，即使折中让你不舒服你也会接受折中。但如果你是根据指导行为的伦理原则来评估行为，那么你就是道义论哲学家，你认为禁忌权衡在道德上是错的。作为道义论者，你支持设定目标的优先级。

以买车为例。选车时你肯定要权衡安全与经济的目标，因为越贵的车往往有越高的安全评级。如果你的思考方式像道义论者，认为买车是一种道德困境，你会选择能买得起的安全等级最高的汽车，而结果主义者买车时不太受道德的影响，他会找折中方案，买安全等级够高也不太贵的汽车，在安全和价格中间取折中项。

选择折中项还是优先项也取决于实现目标的不同行动之间的关系。举个例子，如果你把看电视剧的时间换成读这本书，你会在读完书后转去看电视剧，两件事都要做。如果你认为这本书是对其他书的补充，读完这本书之后你可能会去读另一本扩展的书。通常的观点是，如果一种行动代替了另一种行动，人们会寻求折中，因为通过一种途径追求目标后，资源可以被释放用于做其他事情。用阅读代替看电视时，读完一本书就可以为你看电视剧腾出时间。但如果行动之间的关系是补充，人们就会选择优先项，因为追求目标的一条途径会使类似途径更有吸引力。当阅读是为了获取某一特定主题的知识，如行为科学时，读完一本书会让你想再读一本。

人们选择折中的另一个因素是因为有数字信息。想想那些选项中带有数字的，如发动机的马力或公寓的平方米。无论是卡路里、价格标签还是质量的主观评价，看到数字时我们往往喜欢折中选项。例如，如果让你在西蓝花切达干酪汤和希腊沙拉中选择，你可能不会各点一半。但如果干酪汤和沙拉的营养标签上标明了它们分别含有800卡和200卡的热量，你会感觉一半汤一半沙拉才是正确选择。

还有一个因素会让折中选项更有吸引力，这就是目标的性质。回想一下第五章对累积型目标的探讨，如一周内的多次锻炼，"边际价值"即每个额外行动的附加价值会下降。在度假时我喜欢短途徒步旅行，因为我知道几英里后即使继续徒步，在接下来的几英里我也不会再得到同等的好处。继续徒步的附加价值在减少，这就需要把注意力转移到别的事情上，比如在酒店做水疗。涉及边际价值降低的目标，如徒步旅行，我们会寻求折中选项。另一个例子是，很多父母认为花时间陪孩子是做好父母的关键，但随着附加价值的下降，把所有时间都花在孩子身上就显得有点多余。父母应该在养育子女和生活其他方面，如职业和休闲中做好平衡或折中。

相比之下，在追求边际价值增加的目标即全有或全无型目标时，优先目标会更有吸引力。当只有在实现目标后才能得到奖励时，你可能会优先考虑这一目标直至完成。例如学开车，我们取得的进步越大就越不可能停止训练去学别的。坚持是有价值的，因为学了又半途而废和根本没学没什么区别，只有在完成培训后你才能拿到驾驶执照。

最后，实现目标的顺序也会影响我们所做的取舍。从次要目标转向重要目标的折中似乎比相反方向的折中更可取。有个笑话说，虽然牧师不让你在祈祷时吸烟，但可能会让你在吸烟时祈祷。如果你不吸烟也不祈祷，可以想一下这个例子：在冰激凌中加入水果会被认为很明智，因为这是一种平衡了健康和口味的甜点，但在水果中加入冰激凌似乎就很堕落。如果按这个顺序呈现上述例子，大多数人会优先选择健康而不是放纵自己。

问自己的问题

这一章是关于掌控多个目标的。读到这里，你应该理解了你的主要目标和实现这些目标的方法之间的关系。这些方法包括活动、对象，甚至是帮助你的人。你还应该能够确定你正在做的或者需要做的权衡，以确保实现最高优先级的目标。在考虑多重目标时你可以问问自己以下几个问题：

1. 你能画出自己的目标系统吗？首先列出你最宏观的目标，例如，你可以列出"职业、人际关系、健康和休闲"。你可能有更多独特的目标，例如志愿服务或环保。在每个目标下面列出主要的子目标或实现目标的方法，例如在"健康"下面，你可以写"锻炼、散步、充足的睡眠和均衡饮食"。不用太担心完整与否，要担心的是不要遗漏核心部分，要确保在子目标或方法之间能够画出联系，用实线表示促进型连接，用虚线表示抑制型连接。所以，如果锻炼能帮你睡得更好，就在锻炼和充足睡眠之间画一条实线，如果锻炼需要你起得早、睡得少，那就用虚线连接它们。就这样画出你的目标系统。

2. 你能否找到自己的多结果手段？这些是你追求一个目标的方法，但同时它也能帮你实现其他目标或子目标。在实现目标最大化的原则下，你会想选择这些手段。例如，买台新计算机既有利于你的自由作家职业，也方便你收看更多的网飞节目。

3. 你能否找到自己的同结果手段？你可以在这些方法中选择，因为它们可以互相替代。

4. 你能否找到只能靠一个手段才能实现的目标？你要确保将全部资源分配到这一方法上，因为你没有其他方法来实现目标。

5. 你需要做怎样的权衡，例如，在事业和家庭之间，学业和社交活动之间，以及在娱乐的同时保持健康？对哪些冲突目标你应该寻求折中选项？对哪些冲突目标你应该优先考虑其中某个目标？在选择合适的解决方案时，思考一下目标是不是你身份的核心，或者你是否认为追求该目标对你而言是道德或伦理问题，所以你需要优先考虑它。此外，如果不断追求一个目标，而它的附加价值随着每一个额外行动而减少，你应该选择折中项而不是优先项。

第十章

自控力增加抵抗诱惑的信心

《圣经》中的《创世记》里讲述了住在所多玛的罗得一家的故事。一天晚上，罗得坐在城门口，两个天使来到他面前，对他说，因为百姓向耶和华痛诉的哀怨声很大，所以耶和华派他们来毁灭这座城。天快亮时，两位天使请罗得和家人逃到山上去，不要回头看毁灭的城市。罗得和妻子（她在《圣经》里没有名字）还有两个女儿匆忙逃走，但当硫黄和火像雨点一样落在地上时，罗得的妻子没能抵挡住诱惑回头看了看，就在回头的那一瞬间，她变成了一根盐柱。

这位可怜的妻子经常被用作讲自我控制重要性的例子。自控力，顾名思义就是克服自我所需要的力量，指在受到诱惑要做违背目标的事时，你能够坚持一个重要目标的能力（例如，遵照天使的指示不回头）。自我控制的困境是终极目标的冲突，意味着你要在认为该做的事和想做的事之间做出选择。你可能需要去上班，但又想在床上再躺一个小时。锻炼自我控制很难，因为短暂欲望（如想多睡一会儿）和你的首要目标一样强大，但它们会把你拉向相反的方向，你可能想要吃、喝、睡觉、抽烟、玩社交媒体、花钱或做爱等。威廉·霍夫曼和他的同事指出，你在醒着的时候有一半时间会有各种欲望，而这些欲望大约有一半与你的其他目标（不能吃喝，要保持清醒，等等）相冲突。[10]

并非所有困难的目标冲突都需要自我控制。在多种职业道路中做选择或者做决定，是否与你的同居伴侣结婚，这些都是令人痛苦的决定，但这些不需要自我控制。如果你能清楚地看到一个选项正确而另一个选项是诱惑，这一决定就需要自我控制。但这可能没那么容易做到，因为我们很擅长欺骗自己。注意到自我控制可能是影响因素时，你就要清楚地区分你应该做什么和你想做什么。如果不能确定其中一种选择是一种诱惑，那问题就不在于自我控制。当两种选择都有潜在可能时，这只是一个艰难的决定。选择职业基本上不是自我控制的问题，因为任何工作都有其优点。

当你的目标有冲突需要自我控制时，还要看你在追求哪种目标。如果追求的是需要采取行动的趋向型目标，自我控制能帮助你不断坚持，遇到阻碍时推动你前进，想放弃时让你继续下去。如果你追求的是回避型目标，自我控制可以帮助你抵制诱惑。你可能会不喝酒、不做爱、不对别人嚷嚷，因为在特定情况下，以上这些可能的诱惑与你更重要的目标不一致。

作为社会群体，我们几乎从能思考开始，就在思考自我控制。古代神话里经常出现此类困境。《圣经》里的亚当和夏娃在天堂里有各种吃的，但还是忍不住吃了禁果（可能因为只有那个果子是禁果，这让人想起第一章中"讽刺性的精神控制"），他们没能做到自我控制。有关奥德修斯和塞壬海妖的希腊神话同样讲述了一个自我控制的故事。足智多谋的奥德修斯想听到海妖美妙的歌声，但又不想被她们诱惑葬身海底，于是他用蜂蜡塞住水手的耳朵，再把自己紧紧地绑在桅杆上，采取严密保护后他就不会被海妖诱惑走了。开始时先自我控制，之后就不需要再自我控制，我们称这种自我控制策略为"预先承诺"。

在现代，自我控制常常关系到我们的学业成就、就业、储蓄和维持一段关系的能力。丹尼丝·德里德和她的同事分析了100多项研究结果，发现自控力强的人在生活中更快乐也会拥有更多的爱。[11] 相反，缺乏自我控制常常与低感情承诺、暴饮暴食、酗酒、偶尔超速和犯罪相关。

这些研究可能会让人觉得有些人天生就有很强的自控力，但事实上我们天生几乎都没什么自控力。随着年龄的增长，我们的自控力也会发展，但有些人的自控力发展更快。

自控力的发展速度很重要。在一项纵向研究中，马蒂亚斯·阿勒芒、韦罗妮卡·乔布和丹尼尔·姆罗切克对12~16岁自控力的发展与35岁时各种生活结果之间的关系进行了研究。[12] 在该研究中，德国青少年每年报告一次他们的自控力。他们需要对以下说法按照自己的认同程度打分，比如，"我常常会开始做一件新事情，但不会想办法去完成""我觉得自己的意志力很薄弱""一遇到困难我就会放弃"。拒绝这些说法就表明你有很强的自控力。大约23年后，那些自控力发展更快，即16岁时的自控力比12岁时有明显提高的人，自我报告在亲密关系中更快乐，在工作中也更投入。

虽然自控力的发展速度各不相同，但发展心理学的研究发现，对于我们大多数人，自控力从童年到青春期再到成年都会有提高。随着年龄的增长，自我控制会越来越容易。[13] "走 / 不走"的任务很好地说明了这一事实。为了研究"冲动"，一组认知心理学家开发了可能是史上最无聊的计算机游戏。他们设计了一个游戏，在游戏中人们只要看到"走"的标识就按下键盘上的一个键，而看到"不走"的标识时就不能按这个键。指令听着很简单，但事实证明这个游戏是看着容易做着难。由于"走"的标识出现得多，而"不走"的标识出现得少，人们会养成看到标识出现就按键的习惯，出现"不走"的标识时也很难停下按键的动作。抑制一个行为需要自我控制。有趣的是，"走/不走"的研究表明，年龄越大，这项任务完成得越好。负责自我控制的大脑各区域以及区域之间的连接需要很多年才能完全发育成熟。这也许可以解释为什么青少年更容易冲动。

但成年人往往也很难做到自我控制。一般来说，为了战胜自己，你必须在此过程中管理好前后两步：先发现诱惑，然后对抗诱惑。当你意识到自己想做某事但不应该做，或者不想做某事但应该做时，就是发现了诱惑。发现诱惑并不容易，就像"走/不走"的任务那样，诱惑大多很不明显，即使适度放纵一下，诱惑的影响也常可以忽略不计。喝一杯啤酒不会让你酗酒，拿走一次办公用品不会让你立马变成了小偷，把湿毛巾丢在浴室地板上一次不会破坏你们的关系。如果适度，这些都是完全可以接受的无害行为，但问题在于积累。和朋友喝一杯啤酒会让你度过一个美好的夜晚，但喝多了可能会毁掉一个美好的夜晚，在什么时候你会发现"再喝一杯啤酒"是一种诱惑呢？

第二个挑战是对抗诱惑。行为科学发现了很多人可以用来加强自我控制的策略，这些策略可以帮助你提升坚持目标的动机，降低屈从于诱惑的动机。例如，你可以把酒放在上锁的橱柜里，再把钥匙放在另一楼层；在家里走动时，把水瓶放在方便好拿的地方。幸运的是，你可以使用更多的策略来对抗诱惑，不需要总是把橱柜锁上。

发现诱惑

2013 年，7 次赢得环法自行车大赛的骑手兰斯·阿姆斯特朗承认使用了提升成绩的药物。在供词中他辩解不认为自己的做法有错，因为他相信所有顶级车手都会使用类固醇。他说："我专门查了作弊的定义，它是指获得对手或敌人不具备的优势，所以我不认为是作弊，我认为这是公平竞争。"对阿姆斯特朗来说，兴奋剂似乎并没造成自我控制冲突。如果他确实没发现这是个自我控制问题，他自然也就没有理由去抵抗诱惑。

有些自我控制的冲突很明显。如果你对花生过敏，知道同事带来的一盘新鲜出炉的美味花生酱饼干会让你不舒服，你自然知道要远离这些饼干。但如果你最近决定少吃甜食，送到办公室的饼干可能不会引起你的警觉，你可能会把饼干看作一次放纵而不是要避开的诱惑。一块饼干对你的糖摄入量影响甚微，既然别人都在吃你为什么不可以。

日常生活中的大多数诱惑更像节食者的处境，而不像对花生过敏的人的处境。面对这些诱惑，一次放纵并不会错过最重要的目标。不管是甜点、香烟、过度消费还是超速行驶，这些可能对你的长期利益没什么影响，因此很难将其视为要避开的诱惑。

即使是像阿姆斯特朗选择使用类固醇这样违反道德的行为，有时候也很难被察觉。用道德困境的滤镜来看我们日常生活中很多违反道德的行为时，我们最多会把它们看成是诱惑。如果你曾经使用过盗版软件，谈判中曾吓唬过人，面试时曾有意回避简历中的一些重要细节，如避开确切时间，以免还要解释失业原因，那么你可能不会把这些看成诱惑，相反你可能觉得这些行为很正常，"大家都这么做"。当我问学生他们是否会这样做时，通常大约一半人说"会"。更有趣的是，绝大多数说自己会这样做的学生相信班里其他人也会这么做。因为相信别人也会这么做，这些做法不会威胁到自己的道德名誉，这些学生就没有察觉到我提到的这些问题涉及道德，所以在这些眼前利益和他们的道德名誉之间也就没有什么自我控制的冲突，不管是获得工作、免费软件还是更有利的交易。

要识别自我控制冲突，至少要满足以下两个条件中的一个：一是要做的事严重破坏了一个更重要的目标，二是要做的事破坏了你看待自己的方式。

条件 1：破坏目标

我工作的芝加哥大学商学院的日常用品间里有很多盒装办公笔。虽然我从没想过拿一整盒笔回家，但会时不时顺手拿起一支在办公室里用，不经意间这些笔就会跑到我的包里，或者和我批改的论文混在一起，被我带回了家。在芝加哥大学教书的这 18 年里，我带回家的笔可能有一盒那么多。

时不时顺手拿支笔不会让我成了办公用品大盗，但如果每次我想再拿一支笔时，回想一下自己已经带了多少支笔回家，我可能就会更注意要把那支笔放在办公室，别放进包里。想到某个诱惑时，如果你能想到总量，可能就会更容易发现这是个诱惑。大多数人都能想到一下子买 3 加仑（1 加仑相当于 4.5 升）的桶装冰激凌显然会让我们的节食功亏一篑，但很难看出一品脱（1/8 加仑，相当于 0.57 升）装的冰激凌的影响其实与前者一样大。如果你每周买一个一品脱装的冰激凌，加起来很快也会到一加仑。单次小量的决定会让我们看不到这些行为对目标的影响，这也是很多吸烟者会按盒买烟而不是一次买一条烟的原因，这样他们就可以骗自己，让自己毫无罪恶感地吸烟。因为一次诱惑的代价可以忽略不计，所以很容易将其舍弃，认为没伤害。为了识别诱惑，在采取行动之前你可以在头脑中先把自己的行动乘以时间。比如，给酒杯斟满酒之前，想想今年你每晚过量饮酒会对健康有何影响；看到你的伴侣把碗盘扔在水槽不洗很想发怒大吼之前，想想每次发脾气会对你们的关系有何影响。

在探讨上述单次行为的一项研究中，奥利弗·谢尔登和我询问员工有多大可能会做出各种与工作有关的不良行为，如装病请病假，或将办公用品据为己有。[14] 我们让他们想象某天早上醒来，一想到要去上班就无比难受。有的人只考虑那一天，在那一天他们想装病休息一下，其他人则被告知，今年工作特别忙，他们一年里将面临 7 次这样的选择。不出所料，那些想只请一天病假的员工会更想假装生病。同样的模式也适用于其他行为，比如拿走办公用品，或者有意磨洋工以免被额外加活。只考虑单次行为时，做出违反道德准则的决定会更容易。

当做出一个影响多个场合的决定时，你更有可能陷入自我控制困境，我们称之为"广泛决策框架"。如果你要提前决定这个月每天午餐吃什么，而不是每天中午前临时决定吃什么，你更可能会选择健康食物，因为健康选择有累积效应，30 次午餐的决定比一次重要得多，你甚至可能会制定一条每顿晚餐只喝一杯酒的规则。从定义上看，规则指一系列的广泛决定，这意味着这些决定考虑了在许多放纵的机会中屈从于诱惑的累积影响。

虽然这种思维方式有积极影响，但也要警惕落入某些陷阱。广泛决策框架只有在你不用明天的好行为来合理化今天屈从于诱惑时才有用。每次向自己承诺下个月开始存钱、周一开始学习或者明天开始节食时，你就落入了陷阱。这些情况下，广泛决策框架会让你屈从于诱惑而不是抵制诱惑。这里的危险在于，你试图以"今天的诱惑和明天的目标"的形式来平衡目标和诱惑。明天永远在未来，永远不会成为今天。想想第九章中关于优先单一目标与找折中选项的内容。担心可能会屈从于诱惑时，目标优先化比在目标和诱惑之间选择折中要好。

在一项研究中，张颖和我为我们芝加哥大学勤奋的学生们在讲堂外放了一些免费零食，他们可以有两种选择：一袋胡萝卜或一块巧克力。有时候两种零食被分别放在两个碗里，有时候则放在同一个碗里。摆好碗后我们会在一旁观察，发现的结果却很有趣：两种零食分开放时，2/3 的学生选择了胡萝卜；两种零食放在同一个碗里时，只有一半的学生选择胡萝卜。我们的假设是，不同的碗放两种零食显示出二者有不同目的，而两种零食放在同一个碗里则意味着二者可以搭配。[15] 尽管大多数学生只会选一种（社会规范暗示他们应只选一种），但我们把两样混着放给人的感觉是它们可以互相平衡，掩盖了巧克力是一种诱惑，让学生做出了不太健康的选择。当你选择胡萝卜蛋糕或酸奶椒盐饼干而不是其他甜点时，你可能也陷入了同样的逻辑陷阱。这些食物似乎表明，均衡的饮食包括糖、脂肪，以及一些更健康的食物，如水果、蔬菜或富含益生菌的酸奶，会让我们更难发现自我控制的冲突。

因此，当诱惑没有和目标混在一起时，我们更容易发现自我控制冲突。把胡萝卜和巧克力分开放时，我们在暗示二者中一个选择比另一个更好，就会有更多人选择胡萝卜。我们还发现，注重健康的人会做出更有利健康的选择。这很好理解，因为你预期更有健康意识的人会选择更健康的食物。但有趣的是，如果健康和不健康的食物混放在一起，健康意识并不会让人做出更健康的食物选择。当水果和糖果一起放在零食托盘上，或者炸鸡、油炸面包丁和奶酪放在一堆生菜上时，很多有健康意识的人察觉不到自我控制冲突，会去吃不太健康的食物。所以，只需要在菜单上把健康食品和不健康食品分开，例如在菜单上设一个"健康角"，就可以帮人们发现自我控制冲突。

另一个能帮你察觉可能会出现自我控制问题的方法是提前思考。想象你未来的生活方式和梦想。10年或20年后你过得怎么样？想到未来你对现在所做的感觉如何？那时你的职业或爱好会是什么？你会结婚或再婚吗？你会有孩子或孙子孙女吗？同样重要的是，你会努力保持身心健康吗？你会希望自己当初做了不同选择吗？

设想未来的自己会使你置身于极为广泛的决策框架中。无论你今天做了什么决定，你都能想象到在未来很多年你一次又一次地做这个决定。所以，与其问自己今天是否可以拖延、欺骗、吸烟或喝酒，不如问自己是否会在将来的生活中都这么做。在你的生命历程中，如果你把一个小小的诱惑乘以向它屈从的次数，它就会变得大得不容忽视。如果你认为你今天做的决定能"诊断出"出你未来的所有选择，你最好今天就做出正确的决定。

提前思考也会让你在心理上与未来的自己产生联结，这样你就会更关心未来的自己。[16]我们的差异取决于我们与未来自我的心理联结程度。如果你们高度联结，你会期望与未来的自己分享记忆、计划、信仰和欲望，你会感觉你们彼此非常熟悉。如果你们的联结度很低，你会觉得未来的自己完全是个陌生人。

哲学家德里克·帕菲特认为，如果觉得与未来的自己有联结，你就会关心未来自己的幸福，就会现在采取让自己在未来受益的行动。如果觉得和未来的自己很疏远，你就会做出对现在有益的选择。为什么要牺牲自己的眼前利益去帮助一个陌生人？举个例子，如果你觉得和退休后的那个自己没有多大关系，那为什么要存钱养老呢？如果你和未来的自己联结度很低，为了未来利益而牺牲现在似乎很不明智。想象一下把100美元存入储蓄账户，5年后能得到150美元。如果你觉得和5年后的自己有联结，这样做就很划算，你应该为未来那个人的财务去投资。但如果未来的那个人对你来说是个陌生人，你为什么要拿钱去帮那个人呢？你为什么要关心那个人是否有能力去度假或还房贷呢？

哲学家关注的是"规范性答案"，即我们应该或不应该做什么，而心理学家关注的是"描述性答案"，比如在上述情况中，感觉有联结可以帮助你如何发现所处环境中的诱惑。与未来的自己有更紧密的联结有助于我们发现自我控制问题，让我们更关心自己行为的长期影响。

在这方面，大学生就是一个很好的例子。他们在"现在"和"未来"之间画了条线，"现在"指大学生活，"未来"指余生。他们认为大学毕业是一个重要的里程碑，标志着现在的结束和未来的开始。但是在大学毕业将会如何改变他们整个人的问题上，大学生们看法不一。在一项研究中，丹尼尔·巴特尔斯和奥列格·乌尔明斯基让大四学生阅读一些文章，有的文章把即将到来的毕业描述成会改变他们身份认同的事件，比如，"在毕业时，使你成为现在这个人的这些性格特征可能会彻底改变";有的文章则把毕业描述成对个人影响不大的小事件,比如,"使你成为现在这个人的性格特征在生命早期就形成了,在青春期结束时已固定下来"。然后研究人员告诉这些学生,他们可以参加抽奖,奖品为塔吉特百货或艾派迪旅游两家公司的礼品卡,他们可以选择马上拿到一张 120 美元的卡,或者选择在一年后凭礼品卡拿到更多的钱,最高为 240 美元。如果说一件能改变你身份的事会让你和未来的自己之间的联结感降低,科学家预测那些认为毕业会改变自己身份认同的学生想要即时的小额礼品卡。研究结果也证实了这一预测。在文章中读到毕业将会改变自己的大四学生,会觉得与一年后的自己关联不大,因而优先考虑现在的自己。[17]

婚姻也是这种心理现象的一个好例子。认为婚姻会永远改变自己的人更有可能屈从于诱惑,例如在婚礼前出轨。那些认为单身时的自己和结婚后的自己没太大关系的人,往往会选择放任自己。要察觉诱惑最好能提醒自己,今天的你和婚后的你、毕业后的你、10 年或 20 年后的你其实没多大变化。

条件 2:破坏自我

我们经常听到"一天里最重要的一餐是早餐",我同意这个说法,但并不是因为常听人这么说。早餐吃什么或者不吃什么的确会影响你一天的精力,但更重要的是,你早上做的第一件事对你的身份认同有很大影响。和敞开吃夜宵相比,敞开吃早餐会发出一个虽然错误但更强烈的信号,它表明你注重健康。

能体现你身份认同的行为对你很重要。你认为这些行为能说明你是谁,会影响到你和别人如何看待自己。这些行为可能是公开的行为，也可能是引起你和其他人注意的行为。与给邻居讲你读过的一本书相比，每月参加一次读书会（频繁和公开的选择）更能说明你是个爱读书的人。如果你早上做的第一件事是吃一顿健康的早餐，这会吸引你的注意力，因为这比中午吃零食更能让你确定自己是注重健康的人。在定义身份的行为上发现自我控制冲突相对更容易。如果某个选择会影响如何定义自己，你就会密切注意避开诱惑，而那些不能定义你身份的行为似乎是暂时的，也不会引起你的注意，但这些往往使你更难进行自我控制。

例如，在签署一份文件时，随着文件上签下的名字，你将身份认同和你的行动联系在了一起。只要真实的你不是个鲁莽的骗子，签署一份文件会激励你要做到准确和诚实。这也是为什么填表格时要签名，这不仅是准确和诚实的证明，也可以激励我们做到准确和诚实。

你也可以用自己不具有的身份来鼓励你希望有的行为。乔纳·伯杰和林赛·兰德在一项研究中发现了这一点。他们在给斯坦福大学的一些大一新生发放的宣传单上写着："斯坦福大学的很多研究生都喝酒。"这些新生说他们不想像研究生那样，所以相比那些看到"饮酒需适量，健康很重要"这类普通宣传单的新生，看到第一种宣传单的新生报告的饮酒量更少。一旦酗酒与你不具有的身份联系在一起，即使是积极的身份，你也会对喝酒更慎重，用这样一个简单策略就可以检测出自我控制问题。[18]

另一个简单的策略来自我们在第七章中谈到的中间问题，即在追求目标的过程中我们会放松努力。这种动机的下降是因为我们往往会把开始行动和结束行动看作比中间行动更强烈的身份信号。因为开始和结束的行为会影响我们如何看待自己，所以这些时候更容易发现自我控制冲突。例如，玛法瑞玛·图雷-蒂勒里和我发现，想省钱的大学生更有可能在年中放松他们的财务目标。[19] 如果他们认为春季是学年"中期"，而不是春季学期的开始或冬季学期的结束，他们就更有可能计划购买各种不必要的东西，不管是新钱包还是名牌牛仔裤。

但如果不是屈从于诱惑，而是追求的目标与你的身份认同不相符呢？例如健康的生活方式这一重要目标。虽然美国人总会把健康的生活方式看作群体身份的一部分，但这一点并不适用于所有的社会群体和所有的健康行为。作为犹太人，我不会把自己的种族和运动能力联系起来。所以，虽然我也喜欢运动，但我提醒自己是犹太人并不会让我更关注锻炼。同样，2010 年米歇尔·奥巴马提出的《健康、无饥饿儿童法案》要求美国各学校提供更健康的学校午餐，但人们认为玉米片和比萨饼比酸奶和绿色食品更能代表他们的身份，这一情绪也激起了人们对该法案的强烈反对。很多人不认为节制饮食、锻炼或不吸烟是自己所在社会群体的特征，他们可能不会把自己的种族、民族或社会阶层与美国人通常认为健康的食物联系起来。一般来说，当诱惑与身份认同不一致时很容易发现问题，但当目标与身份认同不一致时，就很难察觉自我控制冲突，毕竟是我们的身份认同在激发着我们的动机。[20]

抵制诱惑

发现自我控制问题只是第一步，现在你要练习自我控制。自我控制策略能抵制诱惑，消除诱惑对你所设目标的影响。这可以通过两种方式来实现，一是增加你坚持目标的动机，二是减少你屈从于诱惑的动机。有些自我控制策略可以同时做到这两点。练习自我控制要达到的结果是，目标和诱惑这两种方向相反但具有相似驱动力的力量距离越来越远，坚持目标的动机明显强于屈从于诱惑的动机。例如，你不是在发脾气的同时又想保持冷静，而是与发脾气相比，你更希望保持冷静，这样你就不会发脾气。

不出所料，更强烈的诱惑会引发更有力的自我控制。想象一下你正准备举起桌子。如果你估计桌子很轻，那么你举桌子时用的力气自然会比你认为桌子很重时要小。同样，如果你估计某个诱惑很小，你使用的自控力会比认为它难以抵抗时要少。你可能不太会担心自己在早午餐时喝太多鸡尾酒，但可能会担心你在晚宴上喝太多，因此你在晚宴上可能会比在早午餐上要使用更多的自控力。

因此，正确判断你要面对的诱惑有多大很重要。如果能判断准确，你就可以做好抵制诱惑的准备。但如果不能正确估计诱惑有多大，你就只能摸索：低估诱惑时你就会准备不足，缺乏自我控制，例如你可能会低估躺在床上的诱惑，关掉了闹钟，结果睡过了头；高估诱惑时你可能会使用过多的自我控制（这并不总是好事），比如高估睡过头的诱惑时，你可能会夜里醒来好几次生怕错过闹钟，结果一晚上都没睡好。

有时我们会错估诱惑的力量，但也常会遇到意想不到自然也就毫无准备的诱惑。没有事先警告会让人更加难以自我控制。以我爱吃曲奇饼干为例。作为一名教授，我经常要参加教职员工会议。在开始的几次会议上，看到午餐盒饭的底层总是放着新烤的饼干时我会措手不及。没有事先准备如何面对这一诱惑时，我总是狼吞虎咽地就把饼干吃掉了。但现在我已经从多年的经验（和遗憾）中吸取了教训，可以很容易地避开这种诱惑。我给自己定了一个在教职员会议上不吃饼干的规矩，用广泛决策框架提醒自己吃饼干不仅仅是一次性的放纵。但即使是现在，如果你在我完全没准备的时候递给我几块饼干，我也会很高兴地把它们吃掉。除非我事先准备好了要运用自控力，否则我会对饼干来者不拒。

为了探究人们预期的影响力，张颖和我请来一些人做了一个拼字游戏，即将几个单词的字母重新组合拼成新词。例如，单词"times"可以重新组合成"items"，"mites"组合成"emits"，"seat"组合成"east"，"teas"组合成"eats"，等等。参与者面临的是一旦任务变得困难就想放弃的诱惑。我们自己了解这一点，于是告诉其中一部分人这个任务会比较难。与那些被告知任务很简单的人相比，得知任务较难的参与者会计划付出更多努力，在做任务时坚持的时间也更长。[21]在告诉他们任务比较难时，我们让他们建立了面对想放弃的诱惑的预期，但反过来却让他们做好了坚持的准备。

在这项研究中，这些参与者用行动告诉自己和实验人员他们更努力，这是一种自我控制策略（类似我们在第二章讨论过的承诺或自设定的截止日期）。除此之外，我们使用的自我控制策略还有很多，主要可以分为两大类：一类是改变情况本身的策略，另一类是改变我们对情况看法的策略。

改变情况本身

在你的生活里可能出现过这样的情景，有一个朋友刚结束了一段糟糕的恋情，几杯酒下肚后很想打电话联系前任。但预想到自己在寂寞时可能会想打电话，趁着自己清醒酒劲还没上来时，你的朋友删了前任的电话号码。理论上她有三种选择：第一，给前任打电话；第二，删除联系方式不再给他打电话；第三，保留联系方式但不给他打电话。她删除前任电话的原因是因为不相信第三个选项真的存在。如果动动手指就可以联系前任，她知道自己寂寞时会忍不住想给他打电话，删除号码可以很明智地让她避免冲动。

在行为科学中，我们把你这位朋友的做法叫作"预先承诺"。预先承诺策略是指你在被诱惑之前先消除诱惑。你把家里一些吃的拿走，把手机里的联系方式删掉，因为你知道自己喜欢和想做什么，但那样做并不健康。赌徒预先承诺的方式是把钱包放在酒店房间，只带一定数量的现金进赌场，钱花光后继续赌博的诱惑也就被消除了。同样的逻辑，你也可以把钱存进退休储蓄账户以免自己全花掉，或者你可以在工作上承诺一个比截止日期更早的时间，以鼓励自己去完成被指派的烦人项目（回想一下我们在第二章关于挑战性目标的讨论）。无论是上面哪一种情境，预先承诺都能够让你去坚持重要的目标。

预先承诺策略还包括把自己固定在某个位置，这里用的固定是比喻意义上的，而不是字面意义上的如同奥德修斯把自己绑在桅杆上。例如，对外宣布你的订婚或分手，无论是哪一种，公开你们的关系状态会让事情很难逆转。在一项研究中，雅科布·特罗佩和我出钱请人做体检。当我们告诉一些参与者体检可能会不舒服时，他们大多选择了完成体检再拿报酬。让自己先做体检再拿报酬，虽然参与者可能会有拿不到报酬的风险，但这也会让他们更有可能完成体检。[22] 如果坚持只有在完成工作后才拿报酬，你就增加了完成工作的可能性。

预先承诺策略起作用的方式是：消除诱惑（像你的朋友那样删掉前任电话）或先确保目标（像我们的研究参与者那样在做完体检后才拿报酬）。无论是哪一种方式，这种策略都违背了经济学的一个基本原则，即选择永远不嫌多，或者说选择应该多多益善。从经济学角度分析，在你的选择中增加选项即使不一定有好处也不会有坏处。你可以放弃不喜欢的选项，例如虽然有前任的联系方式，但可以选择不打电话。但如果从自我控制的角度分析，预先承诺策略更合理。诱惑得不到时才更容易放弃诱惑。

另一个有效的策略不是消除诱惑而是让诱惑难以下咽，给诱惑的产生增加阻力。这种策略是对屈从于诱惑的自己施加惩罚，对坚持目标的自己给予奖励。[23]泽维尔·吉内、迪安·卡兰和乔纳森·津曼的一项研究很好地说明了这一点。研究人员给一些想戒烟的人每个人建了一个储蓄账户，让他们在里面存入一笔存期为 6 个月的戒烟基金。如果 6 个月里他们能成功戒烟（通过尿液尼古丁检测），这笔钱就会退还给他们；如果没戒掉，他们的钱就会被没收用于慈善事业。该研究取得成功后，卡兰又与另外两名经济学家联手创办了一个在线承诺平台 stickK 网站。平台会邀你签订一份有约束力的协议，即"承诺合同"，如果没按照合同履行承诺，你就必须向自己不支持的某个"反慈善组织"支付一定数额的钱。例如一位左翼自由派用户最近签了一份承诺合同，合同要求他在之后的 16 周内按时起床。该用户承诺，如果他在闹钟响后按下贪睡键再睡一个小时，他就需要向美国步枪协会捐赠 80 美元。因为不想支持枪支在美国泛滥，这位用户就有了按时起床的动机。

我们也会因为坚持某个目标而奖励自己。实现了月储蓄目标或完成一年的大学学业后，庆祝一下这些里程碑事件，可以提升目标的吸引力，也可以让你更有可能坚持下去。

远离诱惑的同时，人们甚至可能会更接近自己的目标。想让自己少喝酒时，你可能会把水拿近一些，把喝了一半的酒推开。有学习动力的大学生可能会考虑住在远离兄弟会而离图书馆更近的宿舍。在人际交往方面，人们会躲开那些对他们有不良影响的人，与能够帮他们追求长远利益的人走得更近。

改变对情况的看法

我们回到你朋友和她前任的故事。一种可能的情况是她没删除前任的电话，但整晚都在向你抱怨他对自己有多不好。每次喝完酒她都会和你吐槽，前任为了鸡毛蒜皮的事和她找碴儿吵架、在行踪和行为上撒谎、乱发脾气还骂她。虽然很多人在分手后都会整晚像这样喝酒和吐槽前任，但这样做确实能提升自控力。提醒自己这个人有多可怕，她就不会再想给他打电话了，谁会想和这么可怕的人约会？

你朋友所做的就是改变自己在心理上处理问题的方式。同样是抵制诱惑，抱怨前任对她来说风险很小，但试图改变情况本身则可能成本高昂，因为这样会降低你应对诱惑的灵活性。例如，我和你说起反慈善组织时，你可能会感觉不舒服，但贪睡的左翼自由派只要有一次睡过头，就得向美国步枪协会捐款，这让他很后悔自己选择了睡懒觉。虽然睡过头的行为可控，但外部环境有时会阻碍我们实现目标，这种情况下惩罚自己的结果就是既没完成目标还要接受惩罚。例如，想存钱却不幸遭遇失业时，你可能会后悔把钱存入储蓄账户，因为现在还要支付高昂的提现费才能支付房租。一旦预先承诺没能有效激励行动，你就会后悔当初做了承诺。有时候我们的关注重点的确会产生变化。婚姻是一种承诺，承诺有生之年对伴侣保持忠诚。但很多人都不愿做出预先承诺，因为他们担心有一天会爱上别人。如果你预期自己未来的情况或品位会有变化，那么你就应该犹豫是否要做出预先承诺。

在这些情况下，我上面所说的软性自我控制策略更适用。这些策略改变的是人们在心理上如何看待某些情况而不是改变情况本身。如果你预期会产生自我控制冲突，对抗诱惑的方法之一就是提醒自己，是什么让目标更有吸引力，而让诱惑没那么有吸引力。在心理上你支持目标、贬低诱惑。例如，你可以提醒自己，在健身房锻炼会让你身心舒畅，或者同事拿来的纸杯蛋糕颜色太鲜艳，肯定不好吃。

有趣的是，由于在准备抵制诱惑时会使用这一策略，我们往往会去努力贬低那些可实现的诱惑而不是贬低那些不大可能实现的诱惑。例如，为保护自己和伴侣的关系，我们可能会对自己说单身邻居不是自己喜欢的类型，但如果这位邻居有了正式的交往对象，我们就会放心地承认她的确很有魅力。使用自我控制后，可实现的诱惑就会显得没那么诱人了。

以克里斯蒂安·迈尔斯、雅科布·特罗佩和我在学校健身房所做的一项研究为例。在学生结束健身要离开时，我们请他们在健康能量棒和巧克力棒两种零食中间选择一个。几乎所有人都选了健康棒，因为这些人都有健康意识，他们不想给人错误信号。但是和巧克力棒相比，健康棒真的更吸引人吗？[24] 答案的关键在于你什么时候问。在健身者选择零食之前，我们问他们"觉得两种零食中哪一个更好吃"，他们的回答是：健康棒好吃得多。但还有一些健身者，我们是在他们选完零食之后问的这个问题，他们的回答则是两种一样好吃。在选择零食之前，健身者会主动抑制诱惑，告诉自己和实验人员巧克力棒没那么好吃。但一旦选了健身棒，不可能再拿到巧克力棒时，健身者就会承认巧克力棒很好吃。尽管在做出选择后我们常会贬低未选的选项来为自己的选择辩护，即我们所说的"酸葡萄效应"或认知失调，但在与自我控制相关的评价中，放弃的诱惑反而更有吸引力，因为我们不再需要去保护自己不受它们的诱惑。

另一个自我控制策略是在心理上让自己远离自我控制困境。和朋友在外面吃饭时，如果你想点一份高热量的意大利面，可以问下自己"注重健康的人会吃什么"。如果你想买一副很贵的耳机，可以问下自己"下周是否还想买"。你可以想象这一困境发生在另一个人身上，或者是发生在遥远的未来、遥远的某个地方，以此让困境远离自己。想象一下自己会给面临类似困境的人什么建议，或者如果你明年必须要做决定你会怎么做，这些会帮助你在面对诱惑时坚定地选择目标。

该策略中嵌入的是自我对话。我们常常会自言自语，因为我们相信自己总会去倾听，但自我对话也有不同的方式。你可以使用"沉浸式自我对话"，用"我"的第一人称视角问"我想要什么？"；也可以使用"远距离自我对话"，[25] 用第三人称的视角问"（你的名字）想要什么？"。伊桑·克罗斯的研究记录显示，与沉浸式自我对话相比，远距离自我对话能让我们更好地控制情绪。有一项研究的研究对象是一些对工作前景感到紧张的大学生（其他群体的学生也同样会紧张）。这些大学生需要向一组专家面试官解释为什么他们有资格担任自己梦想的工作，这种任务显然会让所有人焦虑。研究结果显示，被引导使用远距离自我对话的学生能够更好地控制焦虑。这些学生问自己的不是"我对准备这次自我展示的感觉如何？"，而是"（我的名字）对准备自我展示的感觉如何？"，这样他们就可以更好地控制情绪。以第三人称的方式问自己为什么会有某种感觉，并打算如何处理这种感觉，会有助于抑制负面情绪，因为这会让你感觉这一切似乎都发生在别人身上。

另一种与自己保持距离的方法是使用"酷"表达，即用认知和情感中立的方式去看待诱惑。在最早的自我控制研究，也就是后来被称为"棉花糖实验"（详见第十一章）的著名研究中，心理学家沃尔特·米歇尔对 3~5 岁的孩子如何抵制吃棉花糖的诱惑进行了观察。[26]如果孩子被鼓励在心理上与自己保持距离，把棉花糖想象成一种让人没胃口的"酷"事物，如"白色软云朵"或"白色圆月亮"，而不是事实上的"甜软有嚼头"让人很想吃的糖果，他们就能更好地抵挡住想吃的诱惑。

要改变我们对这种情况的看法，可能还需要进一步确立坚持目标、放弃诱惑的意图。在一项研究中，我们请一些大学生写出在某一天他们打算花在学习上的时长。如果先让他们写出准备用在休闲上的时长，他们就会写出更长的计划学习时长；如果先让他们写出准备用在学习上的时长，他们就会写出更短的计划休闲时长。这两种情况下，我们要求学生做的都是同时考虑诱惑和目标。先考虑诱惑会让他们计划要把时间花在追求目标上，先思考目标会让他们计划要避免诱惑。[27]这项研究演示了对抗诱惑的方法：遇到诱惑时，你要激励自己去追求目标；当重要的目标受到威胁时，你要激励自己去避免诱惑。

运用自控力的经历：无意识耗尽

抵制诱惑会让人疲惫，如果在还没面临诱惑时，你就已经很疲惫地抵制了诱惑，自然会更难。罗伊·鲍迈斯特和凯瑟琳·福斯将之称为"自我损耗"。[28]例如，医护人员在工作一天快结束时，可能常会忘记职业要求的常洗手；[29]上班时间越长，医生就越有可能给病人开本不必开的抗生素。[30]之所以医生越累就越可能会开抗生素，首先是因为病人要求开，而医生这时也希望做点具体的事，而不是让病人等检查结果出来再说或是等等看症状是否会消失。

我们可以从疲惫的医护人员这里学到的一点就是，因为运用自控力很费力，你可能需要在一天中尽早做出涉及自控力的决定。无论是决定是否节食还是考虑是否冲动购物，最好等你足够警醒时再做出正确的选择。

流行杂志和一些科学研究都指出，自我控制需要努力，这点没错，但它们错误地把自我控制理解为纯意识过程。你可能会想象自己要在魔鬼和天使之间左右为难，它们都坐在你的肩膀上，分别对你耳语，给你提供相互矛盾的建议。但其实你的自我控制力比这种想象要高效得多。当你选择不吃有害健康的甜点时，当你忽略那些不应该买的小东西的广告时，当你在激烈的辩论中让自己冷静下来时，你往往都是在无意识地控制自己。

大多数情况下，我们控制自我时不会去注意自己在做什么。潜意识中对诱惑的抵制非常有用。如果做每一个决定都需要有意识地权衡利弊，我们就没时间做别的事了。

无意识的策略与我们前面提到过的自我控制策略很相似，好处都是不需要注意力也不会消耗太多精力。你不需要意识到你在使用自我控制去美化目标或抵制诱惑。希望维系自己的亲密关系时，你就会夸大伴侣的积极品质，淡化其他潜在伴侣的吸引力（就像面对那位有魅力的单身邻居时你所做的那样）。你会让目标比诱惑更有吸引力，但你并没有意识到这样做是为了保护与伴侣的关系。进行自我控制时，人们会自动地积极评价目标而消极评价诱惑。你可能会把吃健康食物与自豪和成功联系在一起，而把吃不健康的食物与愧疚联系在一起。

类似的潜意识低级别自我控制过程也能帮助你在遇到诱惑时牢记自己的目标。有健康意识的人在面对汉堡时会立即想到健康，从而有可能改吃别的。同样，想省钱的人面对打折商品的诱惑时可能会想到自己的银行账户。为了说明这个过程，一项研究让参与者先列出他们的目标与诱惑冲突，例如，有人写的是"学习与篮球"，可以看出他需要学习但又想打篮球；另一个人写的是"忠诚与性"，你也可以想象出他的困境。然后研究人员请他们在计算机上完成任务，计算机的屏幕上先是短暂闪现参与者选的相应诱惑的单词，再在屏幕的相同位置闪现他们的目标单词，这时你会发现人们阅读目标单词时速度会更快。[31]诱惑会让他们想到与之相比更为重要的目标，这让他们在心理上准备好去感知这些目标。

保罗·斯蒂尔曼、达尼拉·梅德韦杰夫和梅利莎·弗格森发现，无意识的自我控制也能够指引你朝着目标前进而远离诱惑。他们的研究也是采用计算机任务。在任务中，参与者会在计算机显示器的左右两边看到两种食物的图片，例如苹果和雪糕。他们要做的是从屏幕底部的中间位置出发向食物画一条线，选择能帮他们实现健康和健身目标的食物。该研究范式中，很有趣的研究点是这条线会画多直，是直接指向健康食物还是会向不健康食物倾斜一点。事实证明，自控力较强的人画的线更直，他们在无意识中抵挡住了屏幕另一侧的诱惑，直接指向了健康食品。[32]

人们潜意识的低级别自我控制揭示了意识层的下面发生了什么，它可以解释为什么有些人不想过度饮酒时会自动推开酒杯，为什么在拿到下个月工资前你会自动把目光从想买的新笔记本广告上移开。

这些低级别反应频率很高，而且经过训练会变成习惯。你可能不需要什么动力让自己去刷牙，你已学会把"早上起床"和"刷牙"联系起来。与此类似，也许你已经学会将某些食物（对我来说就是甜甜圈）与"跳过它"的反应联系起来。温迪·伍德发现，一旦形成某个习惯，无论你是否设定了明确目标或进行了自我控制，环境都会直接触发你的行为。[33] 经过训练后解决自我控制冲突会更容易，你可能都不需要提醒自己有某个目标或者使用自我控制。

当还没有形成习惯时，你可以试着设定一个实施意图然后开始训练。彼得·戈尔维策认为，简单的实施计划就会很有效。[34] 设定某个目标后，你可以加上这样的计划："当（情况 x）出现时，我将采取（目标导向的行动）。"例如你可以说，"一起床我就做瑜伽""喝完第一杯酒我就把杯子放到洗碗池"。一旦设定了实施意图，它就会提醒你在遇到设定好的提示时，即起床或喝完最后一滴酒时要做你说过要做的事。通常情况下，我们能自动按照已制订的计划去执行，同样依靠的也是潜意识。

总之，当意识到自我控制很难做到而且常常让人倍感疲倦时，我们可以提醒自己，通过训练和设定意图，自我控制会成为自动化的行为，最终会形成习惯而无须刻意自我控制。你根本不需要考虑应该做什么或不应该做什么，只需要按照对你有利的方式行事就好。

问自己的问题

现在你应该能区分什么是察觉自我控制问题的挑战、什么是对抗诱惑的挑战。你应该能看出哪种自我控制策略适合这些不同的挑战。熟悉你的自我控制武器可以增加你抵制诱惑的信心，帮你找到适当的策略成功抵制诱惑。为提高自控力，你可以问自己以下几个问题：

1. 了解你的敌人。你主要的诱惑是什么？在什么情况下你最有可能向诱惑低头？

2. 你怎么做才更有可能发现自我控制的困境？你可能需要从整体或总量上来考虑自己的决定，无论今天决定做什么，每次的类似情况你都会这么做。想想未来的自己，你是未来自己最好的朋友，你今天能为他／她做些什么？评估一下你的决定反映了你的什么身份认同，有没有某种身份认同在妨碍你去追求自己的目标？

3. 你如何对抗诱惑？可以考虑预先承诺，以帮助自己实现目标，同时奖励自己取得的进步，也可以想一想在心理上你可以怎样面对诱惑。什么会让追求目标明显好于屈从于诱惑？你能不能让自己远离情境，使用自我对话，问"（你的名字）应该做什么"，用高期望来挑战自己？

4. 在计划抵制诱惑时，你如何保护自己不受资源有限和感觉能力耗尽的影响？在一天快结束时如果你感觉疲惫，可以计划一下额外目标的保护措施或者养成习惯。

第十一章

延迟满足能换来更大的回报

俗话说，好东西会留给能等的人，但等待并不好玩。无论是等待烤奶酪三明治达到完美温度还是等待投资的成熟时机，等待都很艰难。英语单词"patient"（意思是耐心或病人）指的是能够等待的人或者需要治疗的人。这个单词有这样的双重含义并非偶然，因为它们都源于"受苦的人"，说明等待本身很痛苦。

等待之所以如此困难的原因之一是，等待往往要求你放弃一些更小、更早能马上做的事，以此换来更大、之后能做的事。这需要你保持冷静，在暂时得不到你想要的东西时要保持平静。这些要求可能会让你想起我们在上一章谈到的自我控制，因为耐心常依赖于自控，所以动机科学家有时会把耐心和锻炼自我控制画等号。我在第十章提到的研究自我控制的一个经典范例"棉花糖实验"，实际上就是在评估耐心。

这一著名实验要追溯到 20 世纪 60 年代，心理学家沃尔特·米歇尔当时在研究儿童是如何延迟满足的。这一实验是让孩子们在两种食物奖励中做出选择。在最早的研究中，孩子们被带进一个房间，坐在一张桌子旁，每个人桌前有一颗棉花糖。研究人员告诉孩子们，如果他们可以等一会儿再吃棉花糖（通常等待时间是 10~20 分钟，但孩子们不知道要等多久），就可以得到两颗棉花糖。然后研究人员离开房间，观察孩子们和糖果单独待在一起时会发生什么。在等待中的任意时间，孩子们都可以改变主意，选择立即吃掉棉花糖。他们等待坚持的分钟数就是他们最终得到的耐心分数。

你现在也可以想象一些很吸引你的东西，例如一杯葡萄酒、一块刚烤好的巧克力蛋糕或者刷社交软件。想象自己坐在诱惑面前，除了等待什么也做不了而且不知道要等多久。但你相信，这段时间过后你就可以得到更好的：一杯更贵的葡萄酒或者可以刷更长时间的社交软件。

通过棉花糖实验，研究人员初步确定了孩子们用来帮助自己等待的策略。那些能够分散自己注意力的孩子（有些孩子在唱歌，有些孩子想出用手或脚玩的游戏，还有些孩子甚至让自己入睡），或者把棉花糖想象成让人没食欲的物品（我们在第十章提到的，他们把棉花糖想象成一朵白云）的孩子可以等更长时间。大约 10 年后，当米歇尔和同事回到这些孩子（已经是青少年）身边继续观察他们的表现时，得到了更有趣的发现。那些当初在诱人的棉花糖前能耐心等待的学龄前儿童，在青春期时在认知和社交方面表现得更好，学习成绩更好，朋友也更多。[35]

棉花糖实验的数据之后被多次分析过，虽然在一次实验中运用耐心的能力绝不可能决定一个孩子的未来，但早年延时满足的能力在一定程度上能够预测人生的一些重要结果。[36]

棉花糖实验类研究告诉我们，早期的耐心可以预测未来生活的积极结果。但研究没告诉我们原因。耐心是怎么让人成功的呢？是因为有耐心的人意志力更强、更聪明？有耐心的孩子是因为相信耐心等待就真的会有好事发生，所以在完成作业后才出去玩吗？动机科学似乎显示，这些因素的组合再加上其他因素就是原因。要解决这些问题，我想先谈谈为什么等待会这么难。

等待为什么这么难

等待是避不开的痛苦。生活中我们渴望得到的更大回报大多数可能都需要多年的等待。你要为退休攒几十年的钱，才能拿到努力的回报；想要升职，你可能先要花几年时间攻读在线学位或参加培训；想要更健康，你甚至也需要耐心等待，耐心的病人愿意先等等，他们不会急着让医生开不必要的抗生素或手术单，但耐心等待并不容易。

等待很艰难，因为我们往往会给未来"贴现"。在我们的头脑中，既然不能马上发生，未来发生的就不会有同样的价值。例如，承诺一年后会拿到100美元，不如现在拿到这100美元让人开心；同样，比起下个月才能见到女友，今天能见到她你会更开心激动。

需要等待的情境显然违背了人性，这需要你放弃吸引力高的即时选择而去选吸引力低的延迟选择。例如，储蓄需要将你把更在意的当前收入变成不那么看重的未来收入。所以，当我8岁的儿子拿到零用钱时，他可以选择花掉，也可以选择存起来。既然现在能用，他就会觉得这笔钱更有价值，他自然不会选择留着不花。

要描述未来的结果会以什么速度失去吸引力，我们可以用"贴现率"这个词。如果你有耐心，贴现率就会很低，即你对未来结果的估值几乎和现在的一样。你可以推迟和女朋友见面，因为你对未来的爱情和对现在爱情的珍惜程度一样。如果你没有耐心，你的贴现率就会很高，即你对未来结果的估值远低于当前结果。你不会等待爱情，因为你在乎的是现在就要拥有，未来才能有的爱情对你并不重要。

不管贴现率多低，对于即时奖励我们通常都会毫不吝惜。如果能马上拿到在等的东西，我们会愿意花更多的钱，即使拿到的更少也能接受。这就是为什么越是临近航班出发，航空公司的机票价格反而越高。相比几个月后的航班，你更愿意为明天的航班花更多的钱；买今晚百老汇演出的票会比几周后的票更贵；网购时，你更愿意为一日送达花更多的钱。

意识到人类缺乏耐心，我们就已经取得了一半的成功，因为这会让我们做好与没耐心做斗争的准备，但我们还必须要知道，是什么原因让我们如此缺乏耐心。

缺乏耐心的原因

敏锐的观察者可能已经注意到，像苹果这样成功的科技公司很善于利用我们缺乏耐心的弱点。每次有升级版的新苹果手机要上市时，苹果公司就会在正式发布手机之前早早地发出声明，但声明里除了说手机正在开发，你得不到任何关于这款手机的更多信息，比如它是什么样或者有些什么功能。2000 年，阿诺德·金博士利用该策略造成的急切情绪，创立了苹果传闻（MacRumors）网站。该网站上可以发布有关苹果新产品的所有非官方信息，一篇篇关于苹果最新手机或平板电脑功能的帖子满足了那些迫不及待的科技爱好者的好奇心。金博士的网站大获成功，于是他决定放弃医疗行业，投身于苹果泄密这项利润丰厚的事业。

苹果和苹果传闻的成功告诉我们，人们等的时间越长，他们赋予产品的价值就越大。但等待对我们来说总是很难。一般来说，如果愿意等你就可能会得到更多，也会觉得你得到的更特别。毕竟等上几个月才能买到新手机，你就会觉得它更珍贵。等待虽难，但会让你珍惜一直在等的东西，那又是什么具体原因让人们没耐心等呢？

缺乏意志力

屈从于诱惑时我们常会责备自己缺乏意志力。所以，缺乏意志力即自控力时，缺乏耐心的程度便会增加，这一点不难理解。安杰拉·达克沃斯、伊莱·冢山和泰里·柯比分析了棉花糖实验的数据，发现父母和老师所说的这些孩子的意志力水平与他们等待棉花糖奖励的时间之间存在相关性，意志力更强的孩子似乎也更有耐心。这些研究还发现，孩子的认知能力也可以预测他们等待的时间，所以意志力并不是全部。[37] 同时拥有聪明的头脑和坚强的意志力，才会做出等待的决定。聪明很重要，因为只有真正懂得等待能带来更多好处的孩子才会更有耐心。同样，聪明地选择去追求延迟满足的好处对成年人也很有用。

在沃尔特·米歇尔去世后，他的同事近期发表的一份新的数据分析报告也得出了类似结论，一个人在17~37岁时的意志力可以预测他在46岁时能挣多少钱。[38] 在这项分析中，虽然学龄前儿童棉花糖实验的一次分数不能预测他们中年的经济表现，但父母对孩子意志力的评价，以及之后参与者对自己意志力的评价是可以预测的。

缺乏信任

"我应该等多长时间再选择放弃?"等待时你会在心里问自己这个问题。把自己想象成坐在棉花糖前的孩子,在等着大人回来告诉你可以吃了。你应该等多久才会断定实验人员不会回来了?或者想象一下在半夜等公交车,你应该等多久才会断定公交车已经停运了,然后开始步行回家?请注意,我问的是你应该等多久,不是问你愿意等多久。

你当然不会一直等下去。在某个时间点,你不会再相信实验人员或公交车还会来。你会得出结论:晚点会得到更大好处不是真正可以选的选项,你决定选即刻就能做出的选择,少吃糖果或者步行回家。你失去耐心,是因为看不到继续等的意义。

人们缺乏耐心的一个主要原因是不相信等待会有回报。[39] 他们可能不相信他人会履行承诺或者认为等的时间实在太长了。通常我们等的时间越长就越不容易相信别人。如果公交车过了 30 分钟(你以为只需要等 5 分钟)还没到,那很可能今天晚上就不会再来车了。所以耐心会随着时间的推移而下降。

棉花糖实验中也有证据显示出信任的作用,例如来自稳定家庭环境的孩子往往等待的时间更长。如果你在一个可预测的环境中长大,你相信成年人会兑现承诺,你甚至可能决定先去读研,晚几年再上班挣钱,因为你相信这样做会有回报。相比之下,来自不稳定家庭环境的孩子对生活中的成年人更加怀疑,因为成年人的承诺有时能兑现,有时是空话。家境一般的孩子会成为没耐心的成年人,往往是因为他们认识到这个世界不值得信任。如果你从小就学会了怀疑成年人,你可能不会去读研,也不会有存钱的习惯,因为愿意等就会有好事与你的个人生活经历并不相符。

不太在意

对棉花糖的喜爱怎么会让一些孩子愿意等着拿两块棉花糖而不是现在只拿一块棉花糖？对咖啡的热爱又怎么会让咖啡迷一直坚持走到精品咖啡店，而不是在他看到的第一家咖啡店里买咖啡？答案你可能已经猜到了，越是在乎某样东西，你就越愿意等待有机会拿到更多或更好的版本。毕竟，爱就是耐心等待。

当你喜欢某样东西时，不管是棉花糖、咖啡，还是在储蓄账户里有一大笔钱，这些东西的好坏有着天壤之别。技术爱好者认为，现在的手机和明年秋天要发布的手机区别很大。既然差别那么大，等待就是心甘情愿。但如果你和我想法一样，觉得咖啡就是咖啡，手机也只是手机，为什么要专门等一个新型号，也只是比现在能买到的稍微好一点而已？因为我对机器没什么热情，所以我是个缺乏耐心的科技消费者。

有一项研究记录了爱（或只是喜欢）会让人多么有耐心。[40] 在这项研究中，安娜贝勒·罗伯茨、富兰克林·沙迪和我请参与者选择是在 10 周后拿到一件合身的 T 恤，还是在本周拿到一件大一号的。稍大一点的 T 恤可以在家里穿，当睡衣穿也很舒服，当然你想穿得漂亮些时可能就不会穿它。不管怎样，要等 10 周合身的 T 恤才能寄过来，这并不容易。问题是，有些人会选择他们非常喜欢的 T 恤设计，而另一些人会选择他们认为还可以的设计（基于对我们展示给他们的 12 款不同设计的评价）。我们发现，愿意为一件合身的 T 恤多等 10 周，前提是他们要喜欢这个设计，如果决定等的是他们不太喜欢的设计，他们就不太会有耐心。其他研究发现，不管是咖啡、啤酒、巧克力、奶酪还是早餐麦片，越是喜欢这种产品，人们就越有耐心等到下个月去拿更大的分量，放弃现在拿更小的分量。

请注意，虽然爱会让你愿意去等待，选择晚点拿到更大的而不是早点拿到小一点的，但你的等待过程将会更艰难。特别喜欢某样东西时，你会发现等待过程中很难保持冷静，等的时间越长你就会越焦虑。在调查消费者对某种消费品的欲望如何随时间变化而变化的一项研究中，戴宪池（音译）和我发现，等的时间越长，人们就越想要这种产品，但前提是他们特别喜欢它。[41] 如果他们还有其他不错的替代选择，那么等的时间越长，他们对它的渴望就会越小。

如果你在国外旅行过你可能也会有同样的经历。很多在国外学习和生活了几个月的学生会发现很想念自己国家的食物。在我们的研究中，去香港留学的学生等待吃家乡菜的时间越长，他们就越是期待。

在以色列长大的我在逾越节 ① 时也有类似感受，节日期间按照宗教传统禁止销售含有面粉的食物，所以我就特别想吃面包。受我的这一经验启发，在一项研究中，我和戴宪池调查了在逾越节期间不吃发酵食物的人。我们发现，他们越久不吃这些食物，对它们的渴望就越强烈。但只有在人们没有找到满意的替代品时，这种越来越强的渴望才会出现。遵守宗教习俗的参与者想到可以吃无酵饼（代替面包）、无面粉蛋糕（代替有面粉的蛋糕）或土豆粉（代替意大利面）时，他们对面粉类食物的想念就不会越来越强。研究人员观察到，当人们被要求不使用社交媒体时也会出现同样的现象。有项研究要求脸书用

---

① 犹太教的逾越节习俗之一是过节的 8 天里不能吃有酵食品。——译者注

户停用脸书三天，没有推特或 Instagram（照片墙）可以替代脸书的用户就会更加渴望使用脸书，在这三天里也会更加不耐烦。有了替代品你就不会那么喜欢某物或某人，你会发现等待没那么艰难，而且你也懒得等。

忘掉某事的欲望

最近我给了一个同事 20 美元，但实际上我欠了她 15 美元。她提醒我欠她钱时，我抓起钱包发现里面只有 20 美元的钞票。我拿出一张给她，她摇头拒绝，坚持说不想多拿。我也同样坚持，宁愿现在付 20 美元也不想以后再付 15 美元。为什么我急着还钱，哪怕要多还 5 美元？

我们常认为缺乏耐心是想尽快拿到钱或其他东西，但其实人们也急于还清债务，在这种情况下，他们就会急着把钱给出去。[42] 我们在做调查时，大多数人说会像我那样做，因为现在多付一点还清小额债务比等到有确切数额时再还更好，而且大多数人也说宁愿少拿回一点也不愿一直被欠债。例如，大多数人宁愿现在给 20 美元，而不是等到他们能支付 18 美元时；大多数人也宁愿现在就收回 18 美元，而不是等到欠债的人能还 20 美元时。

这些决定显示出人们缺乏耐心。他们宁愿赔钱也要尽快还清或结清债务。不管是欠钱还是被欠钱，人们喜欢尽早结清是因为不喜欢悬而未决的目标，他们希望这一目标能收尾。

例如，在现在做更多的工作和以后做更少的工作之间做选择。一项研究发现，相比于在一周后转录更少的密码，人们宁愿现在转录更多的数字密码（例如 3atAmynZ5P）。为什么呢？因为现在做完后他们就可以在清单上划掉这件事了。同样的原因，有的人会在信用卡账单一出来就还钱，而不会等到期时再还。在另一项研究中，大多数接受调查的人称如果需要接种疫苗，他们宁愿今天忍痛被打一针，也不想等一周后吃一颗无痛药丸。

越接近目标的最终状态时，我们就越渴望完成目标，因而也就越没耐心。回想一下第五章的目标梯度效应，想象一下某一次你准备去度假，在最终坐上飞机、火车或汽车去度假前，专注于工作、家务或其他事是不是很难？无论等了多久，在车管所的队伍快要排到你时，你是不是会格外焦虑？等待期快结束的感觉会让人焦躁不安，你会发现继续等下去越来越难，恨不能马上就结束等待。

我们不耐烦的原因有：意志力薄弱、缺乏信任、不太在意或急于完成。在解释如何解决这些问题之前，我想提醒你要先记住：有时候缺乏耐心并不是问题，它可以是对环境的适应性反应。但人们也不应该总是在等待，例如，如果感觉饿了或累了，即时的小满足能让你继续努力下去。不管是吃点下午茶还是打个小盹，小小的满足感能让你更好地去工作。即时满足而不是等待更好的解决方案，可能也是对的。如果你总在等待未来会发生更好的事，可能你就永远享受不了当下，也就无法享受幸福的生活。

如何增加耐心

在生活中耐心很重要。有耐心的人更有可能从大学毕业，因为这需要放弃一份当下就有但可能不太有趣的工作，而选择一份以后才能做但可能更满意的工作。有耐心的人也往往能存更多钱，因为他们愿意把钱存起来以备将来之用，而不是现在就花掉。有耐心的人在堵车或者在咖啡店排队时更能保持平静。他们也不太会在晚餐前吃太多零食，到吃饭时反而没了胃口。但就像我之前说的那样，耐心可能会变化无常。我们都会有一些耐心，但有时我们也都会没耐心，那么当你需要耐心时又该怎么建立和保持耐心呢？

分散注意力

数学家约翰·埃德蒙·克里奇在他最著名的实验中，将一枚硬币抛了 10000 次。一开始正面和反面的总比例变化很大，但渐渐地二者开始接近 50∶50，这为大数定律提供了证据。虽然后来这一实验被证明是个重要发现，但克里奇做实验时仅仅是为了分散自己的注意力。20 世纪 40 年代他被纳粹囚禁，只能用扔硬币的方式来打发等待二战结束这段漫长的时间。不知道什么时候才能重获自由，他只好耐心地找点事做来打发时间，哪怕是非常单调的事。在最早的棉花糖实验中，孩子们也使用了这个策略。在忙着编歌或编故事中他们分散了自己的注意力，这样就不用总想着摆在眼前的那颗棉花糖了。

克里奇和棉花糖实验人员揭示的是，不去想自己是在等待，你就可以有效地增加耐心。找点别的事做，试着忘记你在等待。如果从一开始你就没觉得自己是在等待，等待就会更容易一些。

提前做等待的决定

6 个月后给你 120 美元，或现在就给你 100 美元，你会选择哪一个？一年半后我给你 120 美元或一年后给你 100 美元，你又会选择哪一个呢？第一种情况下很多人会选 100 美元，但第二种情况下很多人则会选 120 美元。这两种情况都是多给 20 美元，请你多等 6 个月，为什么人们在等了至少一年时更愿意为钱而等待呢？答案是距离会增加耐心。如果选择是近期的，我们会选早一些、小一些的奖励，但如果两个选择有一段时间距离时，我们会选晚一些、大一些的奖励。

以上例子展示了一种增加耐心的策略：提早做等待的决定。根据"提早决定"这一技术，当两个选择都是在遥远的未来时，如果你需要提早在"早一些、小一些"和"晚一些、大一些"的选择中做决定，你会更有耐心等待。为了更好的产品或价格，明年再多等一个月比现在等一个月更容易做到。我们对时间的感知是非线性的，在我们的大脑中，现在和下个月的差别似乎比一年和 13 个月之间的差别更大。

人们选择不同答案的另一个原因是动机研究人员所说的"双曲线折现"。[43] 人们一开始会很快地折现未来的结果，但随着时间的推移，对未来结果的折现会变慢。所以在你眼里，如果你在 6 个月后才会拿到一笔钱，这笔钱的价值就会低得多，但如果你是在距离现在的一年半后而不是一年后拿到这笔钱，那么两个时间相比这笔钱的价值不会低多少。

不只是人类，鸽子也会选择从提早决定中受益。提早做选择时，鸽子就会选择晚一点得到更大的奖励。在一项研究中，霍华德·拉克林和伦纳德·格林让鸽子在小的即时奖励（啄某个键，马上就有 2 份谷粒）和一个大的延迟奖励（啄键后有 4 份谷粒，但要延迟 4 秒）中做选择。鸽子不喜欢等待，它们会选择小的即时奖励。[44] 但是当研究人员加上 10 秒的固定延迟时间，使即时奖励在 10 秒后出现而延迟奖励在 14 秒后出现时，鸽子反而会去啄提供延迟奖励的键。所以，如果让它们回答："你愿意再等 4 秒而得到更多谷粒吗？"这要看它们的决定是不是提早做出的，如果是，它们就有耐心等待；如果不是，现在就可以拿到即时奖励，它们是不会有耐心等待的。

我们可以用这一原则来增加耐心，只需要在"早一些、小一些"的选项可供选择之前加点时间。举个例子，如果你知道今年夏天只能有一次旅行，你最好提前做计划。如果现在让你选是这个周末去旅行还是下个月去旅行一周，你可能很想选这个周末就去旅行。但如果让你在三个月后的周末旅行和四个月后的一周旅行中做选择呢？无论有多渴望这次度假旅行，你可能都会为更长的旅行再多等一个月，因为反正都要等嘛。同理，如果只是把送货时间从 10 天缩短到 5 天，而不是从 5 天缩短到第二天，你多半会选择省下这笔所谓的加急快递费。

等等再选

托马斯·杰斐逊曾说："生气时，先数到 10 再说话。如果特别生气，就数到 100。"由这句话可见，他赞同另一种增加耐心的策略，即"等等再选"的技术，先推迟做如何回应的决定，等听到所有选择并经过一段时间考虑后，再看自己要选的是现在还是以后对你有利的选项。

等等再选的技术给你增加了一段认真考虑的时间，在这段时间里，你可以比较各种选择，也能看到多等一会儿就能得到更好选择的好处，最终你会变得更有耐心。在一项研究中，戴宪池和我给了参与者两个选择（但他们不用当场决定选择哪一个），一个是 15 天后拿到一台品质一般的数字音频播放器，另一个是 40 天后拿到一台优质播放器。一些人马上做了选择，而另一些人没有马上做出选择，有人甚至在做选择前足足等了 13 天。与那些马上做了选择的人相比，等了一段时间才做决定的参与者更多地会选择等更久，最终拿到更好的播放器。[45]等一等再做选择时，人们会希望得到更好的音频播放器，因此也更愿意为此多等一阵儿。

解决不耐烦的原因

增加耐心的技巧，也可以直接解决我们前面提到的不耐烦的原因。如果不耐烦是因为缺乏意志力，我们可以提高自我控制力，例如提醒自己未来总有一天会成为现在。我们也可以增加与未来自我的联结，心理联结是增加耐心的一种已验证有效的技术。让大学生用虚拟现实生成70岁时自己的形象，会提升他们为退休储蓄的意愿，[46]这就像让他们给未来的自己写一封信会提升他们锻炼身体的倾向一样。[47]

如果你因为未来不确定而没有耐心，增加对未来结果的信心会让等待变得更有价值。例如，你可以现在设定信用卡自动还款，就不会到时候忘了按时还信用卡，你也可以要求把一笔付款留存在第三方保管，直到你有资格使用。这种做法在房地产行业很常见。房产买家会先向第三方，例如产权公司付款，卖家也完全接受等待付款最终到账。如果不耐烦是因为对更大的奖赏没那么喜欢，你可以提醒自己奖赏的特别之处，以及你起初为什么会在意。在你使用"等等再选"的技术时，这种心理可能会自发产生。在等待时，你可能会更珍视那些需要等的选择。在排队等候时，你会越发喜欢需要你等待的产品，也是这一心理在起作用。在某样东西上投入时间后，你就会学着去欣赏它。

如果是不太重要的事，你可能会想快速完成目标就不用再想着它。这种情况有技术手段可以帮到你。例如，你可以在日历上设一个后续跟进提醒，或者安排邮件在未来的某个时间发送。你不用担心自己会忘记使用优惠券，其实很多人也一样会忘记优惠券和礼品卡。如果你没耐心等着使用礼品卡或优惠券，担心自己可能会买一些并不需要的东西，那么设个日历提醒自己，到时候再使用折扣也很方便。

和他人共同等待

最后，如果能让其他人也加入等待，你可能会更有耐心。有人和你一起等时，等待会更容易。如果你的利益取决于我能否等待，这可能会有效地增加我的耐心。设立共同储蓄目标的夫妇，可能会比没有共同目标或社会支持的个人更容易实现储蓄目标。以一项使用改良版棉花糖实验的研究为例（这次发的是曲奇饼干）。在研究中，丽贝卡·库门、塞巴斯蒂安·格吕奈森和埃丝特·赫尔曼把孩子们分成两人一组。只有组里两个孩子都各自做出等待的决定时，这两个孩子才能得到更大的奖励。[48]当孩子们想到太早吃掉饼干不仅会让自己付出代价，也会让同伴没机会吃第二块饼干时，他们会更有耐心。

下次你在等三明治、投资或别的什么时可以试试这些策略，你会变得更有耐心。

问自己的问题

很少有人会说自己有耐心，但大多数人包括我自己在内都认为，愿意多等一会儿会让我们从中受益。在你努力培养耐心，争取在未来的生活中能有更大回报时，可以问问自己以下几个问题：

1. 你是否会在某些情况下更有耐心？你是否在财务、医疗、学术或其他方面正在做有些目光短浅的决定？

2. 当你感觉不耐烦时，你主要是在担心自己会做出目光短浅的决定，还是因为要等待而感到焦虑甚至愤怒？做这一决定和经历等待对你来说都很困难吗？

3. 你为什么会缺乏耐心？有几个可能的原因：缺乏意志力、不相信等待就会有好事发生、对延迟的奖励不在意或者你脑子里可能想着太多的事。

4. 怎样才能更有耐心？可以试试分散注意力、提早决定、等等再选这些技术，你也可以增加与未来自己的联结或者增加你对未来结果可以实现的信心。提醒自己你喜欢那些需要等待的物品，利用科技让自己不去想一些事，以减轻等待的痛苦。最后，你也可以决定和别人一起培养耐心，为了别人去等待。的确，与他人合作是我们激励自己的最后一招（详见第四部分）。

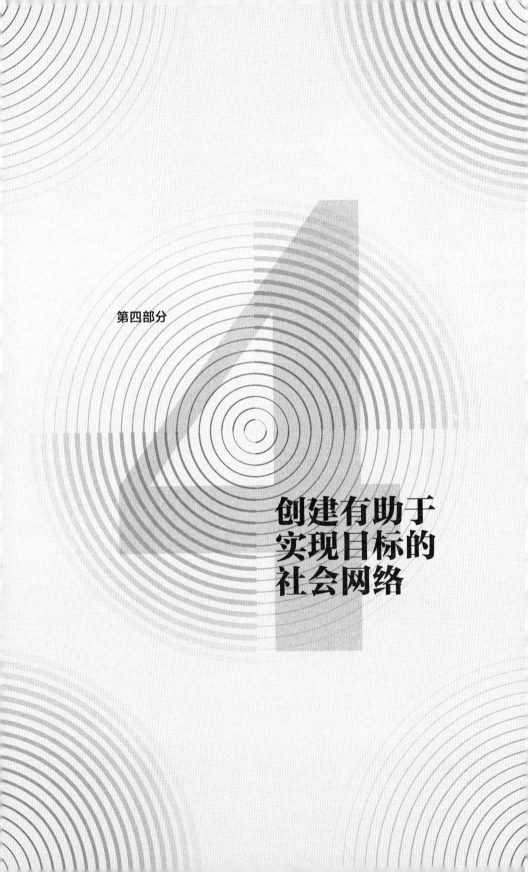

第四部分

**创建有助于
实现目标的
社会网络**

我现在正在写社会支持的部分，而此时正是新冠肺炎疫情大流行时期。我待在家里，和家人一起居家生活已经连续好几个月了，现在大家都在社交隔离。我已经几个月没见过同事和朋友，也不知道下次什么时候能见到我的父母。在我们大学校园封闭前的一周，我遇见一位同事，他向我伸出手又赶紧收了回去。这几个月大家也都不再握手了。今天早上三岁的小邻居朝我挥手，我也远远地朝她挥挥手，然后她的妈妈就把她牵走了。我也不能拥抱这个可爱的小邻居了。

　　对很多人来说，社交接触减少的这段时间似乎每天都在提醒我们，别人在帮我们保持动力方面有多么重要，有同事、朋友或家人在身边时你会更有动力。虽然建议我们在隔离期间可以锻炼、阅读、学习新技能、吃得更健康、学着在家办公，但如果你身边没有别人，实现这些目标会更难。这一年，我们尤其感受到了社会支持在激励我们实现目标中有多重要。

　　可能这个时机也很适合来写一写，作为人类，我们如何与其他人联起手来努力实现我们的群体目标。虽然在物理上我们彼此隔绝，但一种新的群体意识正在形成。我们为战胜同一个敌人的目标而战，最终取胜需要我们每个人的努力。为了实现共同目标，我们能否与其他国家协同一致，这对全球各国来说都是一种考验。如果能成功应对这一挑战，我们就有可能解决全球其他的共同目标。我们在这场危机中培养和发展的能力与技术有望被用来减少污染或应对气候变化。

这一部分将讨论别人如何帮助我们实现目标。动机科学探索了几种可能性，例如我们的生活中要有他人的存在，尤其是当我们视他们为榜样时，他们的期望和行为会激励我们去实现目标，他们会伸出援手鼓励我们的进步，支持我们坚持去做重要的事。我们人类已经进化到能够互助。婴儿哭泣时我们会感到痛苦，因为听到他们的呼救时，即使不是自己的孩子，我们也有想做点什么的冲动。我们接受帮助，也随时愿意提供帮助。

另外，为了实现共同的目标我们需要和他人合作。我们都听过"众人拾柴火焰高"这句话。我们知道公司的成功或科学发现永远不可能归功于某个人。尼尔·阿姆斯特朗不是凭一己之力登上了月球，这背后有无数人的努力。事实上，成就越大，其他人参与的可能性就越大。居家隔离让我想起一句话：生一个孩子可能只需要两个人，但养这个孩子真是需要一村人。

动机系统的一些特征让我们能够有效支持彼此的目标或者追求共同的目标。首先，我们很关注周围的人，也经常会想着别人，除非你在全神贯注。但你会经常全神贯注吗？事实上我们常会走神，走神时就会想别人，想别人在做什么或者他们怎么看你。

想了解我们对他人有多关注，可以想想体育迷是如何轻松地汇集成一波一波"声浪"的。在容纳了成千上万人的体育场里，球迷能不时地完成这一复杂的协调工作，连特别小的孩子都会跟着一起拍手。随着年龄的增长，我们的这种能力会运用得更加游刃有余，因为我们对别人会更加关注。

我们也寻求他人的陪伴。人类是群居动物，在群体中我们身体健康，独处时就会生病。无论你自认为是性格内向还是外向，一定程度上你都需要和别人在一起。对人类而言，社交隔离很不人道，可以说是一种严酷甚至是残酷、不道德的惩罚。研究表明，单独监禁会引发精神疾病，甚至可能导致死亡。[1]

此外，我们通常都很愿意与他人合作，无论是和团队成员还是和合作伙伴。遇到新同事时我们会考虑应该怎么和他们共事，我们会先看他们的社会地位，即他们在社会等级中的位置。我们需要知道他们的权力比我们大还是小，是上级、下级还是平级，这样就会知道怎么和他们共事。我们需要知道他们的权力大小，这样就可以知道在追求共同目标时如何和他们沟通。

现在我们知道，人们会密切关注他人、寻求他人陪伴并且愿意与他人合作。再结合我们所理解的重要目标需要他人支持这一点，你可能已经开始理解为什么社会支持对目标追求的成功与否至关重要。无论是想保持健康还是想战胜疫情，你最好能和别人联手。但问题是我们该怎样以一种最有利于成功的方式与他人合作呢？

第四部分将尝试回答这一问题，我将探讨社会支持的各个方面，以及如何创建有助于实现目标的社会网络。第十二章讲述别人的存在如何帮你实现自己的目标。你可以向榜样学习，或者为实现健康目标去上舞蹈课。第十三章探讨与他人一起追求目标。这些目标需要协同努力，例如踢赢一场足球比赛或做出一项科学发现。第十四章探讨社会支持对成功关系的意义，这一章将会解释为什么你会被支持自己目标的人吸引而远离那些阻碍你实现目标的人。

第十二章

他人的存在会影响我们的动机

很多人，包括我自己，在说起别人的行动和成就时都会用"我们"。想想有多少次你听到有人说"我们赢了这场比赛""我们登上了月球"，虽然我们大多既不是职业运动员也不是宇航员，但用"我们"来形容这些成就感觉很自然。代词"我们"很难区分你和我上周末所做的事与尼尔·阿姆斯特朗在1969年所做的事。我们语言中的模棱两可主要是因为在心理上不需要做区分，我们与他人之间的界限并不清晰。

心理学家使用"自我—他人重叠"或"心理重叠"的概念来解释我们与他人之间的身份重叠。用维恩图来表示，一个圆代表你的身份，另一个圆代表你亲近的人的身份。两个圆之间可能有很多重叠。这种图表捕捉到了我们看待那些与自己亲近的人的心理：他们与我们分离，但又不完全分离。你和某个人或某些人越亲近，你就越会觉得自己的身份和他们的身份有更多重叠。你们交织在一起，是一个整体中的独立部分。

这种自我与他人相互交织的感觉产生了很多有趣的现象。例如，你能很快想到自己与亲近的人或团队共有的特征，但可能需要点时间才会想到自己独有的特征。如果你和自己的伴侣都喜欢古典音乐，你会脱口而出自己是莫扎特的粉丝，但如果你喜欢古典音乐而伴侣喜欢爵士乐，说个人音乐喜好时你可能就要先想想，因为你们俩并不都喜欢同一种音乐。你会更容易记住自己和伴侣同时有的某一个特点，也就是你们两个人的共同特点。

这种心理上与他人，尤其是亲近的人的重叠，是理解他人的存在如何影响我们动机系统的关键。当你和他人追求同样的目标时，例如你和朋友、伴侣、姐妹或同事一起在锻炼、购物、工作或做日常的事时，你可能会为了和对方步调一致而更努力，别人会增加你的动机甚至可能成为你的榜样。但也有可能，别人做到的事会让你感觉自己不用那么努力了。如果你不能明确区分别人做了什么而你做过和没做过什么，你就很容易对进步感到满意，即使那只是别人的进步。

从众

在我还是个小女孩时我经常做流苏编织。有人可能从来都不需要了解流苏编织是什么，它就是一种手工，需要把一条（传统上是白色的）棉线打成一系列的结，成品主要用作墙上的装饰。编织时不需要太多创造力，我严格按照指示编，从不觉得成品有多漂亮，也从来不想把它挂在自己的墙上。但同龄的女孩都很喜欢，所以我当时觉得编流苏这件事很酷。

在选择爱好和职业、决定买什么或吃什么，甚至在设定自己的目标时，我们常常会跟风。别人有什么、说什么我们就也想有什么、说什么。

社会心理学中有一个经典实验，心理学家所罗门·阿希想在实验中研究从众心理，他邀请了一些学生来参与实验。参与者认为这是一个测视力的实验。[2] 每个学生和其他几个学生一起坐在一个房间，这些学生会看到一系列的木板，每块木板上会显示一条比较线及其旁边的三条线。他们的任务是确定那三条线中哪一条线与比较线的长度相同。

实验参与者（这些学生）并不知道这个实验其实是关于从众心理的，房间里的其他人会假装自己是不知情的参与者，但其实他们是"研究同盟者"，即研究团队的成员。所谓的"视力测试"其实针对的是在每个实验房间里的那位真正不知情的参与者。当木板一块块被展示时，研究同盟者会全部指向同一条错的线，这条线与比较线相比要么太长要么太短，有时差别还非常明显。真正的实验参与者总是最后才有机会给出答案，他们通常会同意那些同盟者的错误说法，也指向那条错的线。在大家达成共识时再表达不同意见会令人不快，即使涉及的只是一条线的长度问题。参与者没有公开表达异议，而是选择同意错误的答案。

当实验人员请另一组参与者在一张纸上写下自己的答案时（据说是因为他们加入实验比较晚），很少会有人从众跟着填写那条选错的线。阿希的实验证明了基于顺从的从众。参与者在公开场合会选择服从他们在私下里会拒绝的答案（除非他们真的担心自己视力不够好）。即使私下里并不认同，但我们在公共场合总是会从众。如果吃饭时所有人都在夸一款酒，即使你没觉得这款酒有多好，你可能也会去称赞它的香味和口感。

在极端压力下，顺从会变成服从。虽然你认为高跟鞋就是用来折磨女性的，但你可能也会穿着它去上班，因为办公室里的女同事都穿高跟鞋。你认为自己要想被认真对待，就得穿得和她们一样，你不想因为鞋子丢了升职机会。同样的社会压力在斯坦利·米尔格拉姆著名的实验中也得以体现。该实验测试人们是否会为了从众而对他人造成痛苦。研究人员要求参与者给那些没答对问题的"研究同盟者"施以强电击。虽然这些参与者个人拒绝这种因为学得慢就体罚别人的做法，但他们还是照做了。幸好"电击"不是真的，参与者也没有给他们造成伤害。

与基于顺从和服从的从众不同，我们在日常生活中的很多从众行为，至少在一定程度上是对他人所表达的判断或观点的真正接受。在从众时，我们常常会内化别人的喜好和行为，相信别人是有道理的。

从众的不同类型显示出人们选择认同他人的不同原因。一个原因是做讨人喜欢的人在社交时受益良多。首先，人们往往会更喜欢你。为了能让自己被喜欢、被接受，人们经常会策略性地同意他人的意见。如果你经常持不同意见，可能就得不到这些好处。这就是"规范性从众"。你可能表面同意别人做的、说的，但内心并不同意。就像阿希从众实验中的参与者那样，表现出规范性从众行为的人在内心掂量过后，虽然不认同，但表示认同也会有好处。可能在你内心深处，你不认为听古典音乐就说明有高雅的音乐品位，但你还是会去听并对听过的某一场古典音乐会赞不绝口，因为你相信听古典音乐会让你融入适合自己的人群。

从众的另一个原因是，我们觉得别人明白做什么或说什么最好。这种"信息性从众"源于他人行为传达出的信息，比如什么是最好的做法、正确答案，以及哪些目标值得追求。如果你看到一家咖啡厅外面排着长队，你会认为这家店的咖啡一定好喝。这么多人的选择似乎向你证明了这里的浓缩咖啡不容错过。这就是为什么我小时候会做流苏，因为我相信小伙伴们知道什么好玩。当你的朋友或网上的谁推荐什么食谱或发型时，你会认为他们知道什么是最好的。

通常情况下，其他人确实可以和你分享有用的信息。你问的人越多，做出正确选择的可能性就越大。大多数人的智慧往往超越一个人的智慧，这就是为什么你可能不会去盲目地听某个同事的电影推荐，而是会去看网上无数电影观众的综合评分，也是为什么我们会让市场也就是一群人通过交易来决定股票的价值，而不是靠几个经济学家的评估。

当然，庞大的群体也并不总是明智的，不然怎么解释美国至今还没选出过女总统呢？即使你不觉得周围的人特别聪明，你也有一个原因去从众，因为你是这一人群中的一分子，这个人群是由"你的人"组成的。

事实上，人们从众的一个主要原因是他们在自己及其跟随人之间没有明确界限。我们说的不是"他们"，而是"我们"。这就是"我父母想让我当医生"和"我们家想让我当医生"的区别。后一种说法中希望你学医的人群里也有你。你已经内化了别人的观点和目标，因为他们是你的一部分。

为了说明这种界限的不明晰，你想想自己是否很容易就能感受到电影或书中别人的体验。在电影里看到一只狼蛛爬到别人的脖子上，你可能也会颤抖，就像它爬到了你身上一样。[3] 你体会到同样的不快，也急着想把它从自己的脖子上弄下来。你和虚构的人物形成了一个心理单元，接受了他的经历和目标。这也是在从众。

相比陌生人或虚构的人物，我们和亲密朋友及家人的交集和重叠更多，我们更倾向于从属于自己的亲密圈子。我们会和他们形成"共享现实"：以类似方式体验世界，接受与他们相似的观点，关心他们所关心的社会问题，关注他们的时尚和潮流。朋友有某个目标，我们也会和他们共有这一目标，毕竟我们都是一个整体的一部分。

当从众变成互补

最亲近的人对我们影响最大，但这并不意味着我们总是要模仿他们的行为和思想。有时候完全跟着别人的步调可能并不可取。例如，我们教孩子要分享玩具，因为所有人在同一时间玩同一件玩具显然不现实，他们应该轮流玩，有各自兴趣而不是互相模仿争着玩某个玩具。长大些后我们也知道了不管多喜欢朋友的裙子，也不能穿着和她一样的衣服去参加派对。我们还知道礼貌的对话要求我们在说和听之间转换而不是两个人同时说。这些例子背后的总体规则是，我们要学会寻求与他人的行为互补，而不是重复他人的行为或与他人的行为重叠。

那什么决定了人们应该寻求从众或重复他人的行为还是互补彼此的行为呢？为什么你有时会加入朋友已经开始追求的目标，而有时又会因为他们在追求某一目标而选择放弃呢？

心理重叠的经验可以用来解释这两种协调模式。你对别人的行动、偏好和目标的反应和对自己这些方面的反应其实类似。你可以问自己：想想"我们"刚刚说的和做的，我应该重复这句话或这件事，还是应该说点别的、做点别的呢？

人们往往会跟从别人说的话。我们在第五章中说过，一旦明确说出，你就增加了自己的承诺。如果我说了某件事对我很重要，我可能会重复这么说并采取行动。根据心理重叠原则，如果我丈夫说某件事对他很重要，我就会认为这件事对我们夫妻都重要，我的承诺就会增加，可能也会表达同样的观点并付诸行动。例如，如果我丈夫说想减少能耗，可能下次去商店时我就会买节能灯泡。

但人们可能不会跟从身边人的行为，尤其当对方的行为表明他/她已经做了很多事时。例如，如果我丈夫很自豪地说他骑自行车上下班为节能做出了贡献，我可能会觉得我们作为夫妻在减少消耗方面已经做了不少工作，我就不需要再采取行动了。

观念跟从与行动互补的原则也适用于群体。如果我认为我团队成员的行为表现符合道德，作为个体的我可能不会在意自己也要符合道德，因为"我们"这个群体符合道德已被证明。马里亚姆·库查基在一项研究中发现，那些读到自己学校的学生比其他学校学生更有道德感的资料的大学生，在之后的招聘实践中显示出了对其他学生的歧视：当工作环境对黑人不友好时，他们更愿意雇一个不太合格的白人而不是雇一个更合格的黑人做警察。[4] 当然他们认为不让黑人警察进入不友好的工作环境是为了避免麻烦，但歧视性的决定不会改变整个文化。因为相信自己有"道德立场"，所以他们做出了带有偏见的选择。

与此类似，将自己视为受害群体的一员也会降低人们对其他潜在受害者的关注。了解到我所在的社会群体受到的歧视，我可能就不太会担心自己是否会歧视他人，因为我把"我们"看成了受害者而不是潜在的伤害者。一名犹太人想到全球范围的反犹太主义，可能会让我很少关注到对少数族裔求职者的歧视。

在另一项研究中，涂彦平（音译）和我直接对跟从他人的明确目标和跟从他人的行为进行了比较。[5] 我们发现，由于人们感觉到与他人的心理重叠，他们会跟从他人认为重要的目标，但不会跟从他们的行为。在一项研究中，实验人员找来几对在校园里坐着的朋友，让他们在冬日香和留兰香两种口味的口香糖中选一个。如果两个人中的第一个人选择了冬日香口味但被要求稍后再吃，那么第二个人也会照做。超过一半的组合会选相同的口味。但如果第一个人拿到糖后就开始吃，那么第一个人选冬日香口味的话，第二个人就会选留兰香口味。他们基本都会选不同的口味，不是跟从第一个人的选择，而是与第一个人的选择互补。

这项研究还发现，在网上购物时很多人参考的是评分信息，评分能告诉你有多少人喜欢某个产品，不像销售信息只能显示已有多少人购买。你想要的是大家喜欢的而不是大家都有的，虽然这两类有很大重叠。同样，在线观众选择视频的依据是点赞数量而不是观看数量。你不一定想看别人看过的，但你想看别人推荐的。如果别人都在做某事，你会感觉自己好像也做过了。这就是为什么有的人从未读过《哈利·波特》但感觉自己也读过了。

榜样和反面榜样

我的大女儿现在是一位成功而且自信的天体物理学家。但很多年前刚上大学时，她并不自信。几乎所有的物理老师和同学都是男性，她完全没有归属感。但很幸运，她的新生导师是学校里为数不多的女物理老师之一。这位导师很重视培养年轻的物理学家，特别是帮助年轻女性在理工领域的职业中发展。作为耶鲁大学物理系聘请的第一位女教师，她会在全体学员参加的会议和晚宴上公开讨论物理界的性别歧视。有这位导师做榜样，我 18 岁的女儿慢慢建立起了信心，相信自己也能在男性主导的物理学界拥有一份事业。

榜样是你生活中的重要人物。他们让你感觉亲近，你希望自己身上也能有他们展现出的品质和特点。即使他们可能不认识你，因为你以一位名人或公众人物为榜样时，你会觉得你们的身份有重叠，你有可能会成为他们那样的人，所以他们在激励着你。

就像你生活中的其他人那样，你的榜样为自己和他人设定的目标会比他们的行动更能激励你。所以你会想选一个不是只要自己优秀就好而是同时期望自己和他人都出色的榜样。最好的榜样不仅自己在树立榜样，他们也为你设立期望，并希望你能达到。相比于那些只关心粉丝在电视上看到自己的运动员，那些想让你也保持健康的运动员更能成为你健身的榜样；相比于那些自己很成功但不愿意指导别人的经理，期望你也能成功的经理才是你更好的榜样。

你还可以考虑使用"反面榜样"，也就是那种你不希望成为的人。你会选择做某件事，因为这样你就不会做反面榜样做的事。例如，你不希望做一个铁石心肠的经理或腐败的政客，这会激励你继续学习并最终成为一个有爱心和道德感的领导者。

反面榜样提醒我们，人们选择与别人不同的行为有两个完全不同的原因：一是你想与他人和睦相处，所以你让自己的行为与他们的行为互补；二是你想"单打独斗"，和别人不同，可能是因为你不喜欢他们或者你想表达自己的独特个性。青少年就属于典型的后一种。青少年不一定讨厌成年人（至少我们成年人这么认为），但他们拒绝成年人的价值观主要是因为他们想独立。丹·阿里利和乔纳森·莱瓦夫的研究记录显示，即使是成年人，一群朋友在餐厅吃饭时也经常会点不同的菜和饮料，因为点同样的菜不能把他们区分开。[6]想保持自己的独特可以是一个很好的理由，让我们的选择与别人不同。

当涉及表达不同的观点和行为时，持不同意见的根本原因会影响你的言行。如果动机是想显得与众不同，你就会抓住机会去做其他人不做的事，但如果动机是想和别人互补，你可能就会做或说一些虽然与别人不同但可以一起配合的事或话。例如，你可以选择和别人观点不同。但不认同别人的杠精是为了要争论而表达不同的观点，而渴望补充他人观点的人之所以选择表达不同的观点，是希望能增添新的视角，为问题提供新的可能解决方案。

无论你选择的是效仿其目标的正面榜样还是反对其目标的反面榜样，无论你是要做还是不去做这位榜样的行为，他们都影响着你的行为，因而在你的生活中他们扮演着重要的角色。

社会促进

在本章的开头部分我说过，追求目标时，别人的存在可以增加我们的动机，但到现在我只谈了别人通过表达观点或采取行动来影响我们。这些影响可以不需要他人的客观存在。那么其他客观存在的人可能并没有实施行动或表达自己的目标，又会如何影响我们的动机呢？

有趣的是，1898 年，社会心理学历史上最早的实验之一就已经开始探讨这一问题了。实验的完成者是美国心理学家诺曼·特里普利特，他也是个骑行迷。诺曼注意到，骑行者在结伴骑行时比自己骑行时速度更快。[7] 这一观察结果让他有些困惑，于是他决定测试一下是否他人在场时人们会更有动力。他的实验是让孩子们尽可能快地转动渔线的卷轴。有的孩子是一个人站在那里转渔线，有的孩子在转渔线时旁边有另一个孩子看着，等着下一个轮到自己。和那些骑行者一样，有其他人在场时，大多数孩子渔线会转得更快。

很多年后，这一现象被命名为"社会促进"，指的是我们在别人的注视下会更努力。例如运动员在观众面前会表现得更好。在别人的注视下，人们的心理表现也会更好。站在观众面前时，你会学得更快，并为自己的观点想到更多论据。如果这听起来不像基本的心理学原则，请记住：同一物种的观众在场时，动物也会有更好的表现。例如当另一只老鼠在窗户后面观察时，老鼠跑迷宫的速度会更快。

观察者的出现会增加"表演者"的心理和生理唤起度。你认为观众在评价你或在与你竞争，这让你既担心又兴奋。这种唤起会提高简单任务或熟练任务的成绩，你会做得更多，也会做得更好。

但要记住，在更复杂的任务或未经训练的任务中，这种唤起会影响表现，太多的唤起会彻底破坏表现。例如，如果你刚学投篮，当着别人的面打球可能会让你完全没能力把球打好。如果你正在准备一个重要的工作报告，你可能想要自己先练习练习，直到感觉放松自然才好。这样做报告就会成为排练好的任务，面对别人的注视时你就可以轻松驾驭自己的兴奋度和焦虑感了。

有趣的是，其他人在场的替代品，比如你桌子上放着的伴侣的照片，甚至是一双眼睛的照片，都可以触发社会促进效应。这些线索会让你觉得自己被人注视着，虽然并没人注视你。这会激励你做得更好更多，还可以提升你合作、诚实和慷慨的品质。

感觉有人在注视你时，你不仅会更努力，还会觉得自己的行为留下了更大的印记。有另一双眼睛在看我们的时候，我们会觉得自己所做事情的规模好像倍增了，因为有两双眼睛看到了，这会增加我们做正确事情的动力。在雅尼娜·斯坦梅茨牵头的一项研究中，我们发现人们认为自己在公共场合吃的食物比一个人时吃得多，但其实吃的是一样的。[8]这种想法会让人们在公共场合吃得更少些。在另一个例子中，羽毛球运动员认为，观众越多，他们对球队成败的影响就越大。更多观众在场观看比赛，这种效应就会促使运动员更努力。有人注视你时，你会被激励去做到最好的自己。

问自己的问题

他人的存在会影响我们的动机，即使他们不是真的在我们身边。当你坠入爱河时，你的行为举止就好像你的爱人在看着、听着你所做的、说的或想的一切，即使他们并不在你身边。你爱的人激励你成为最好的自己。你也依赖你的朋友和家人以及其他人，他们让你不断努力，因为他们在注视着你，即使这只是你脑海中的画面。

以下问题可以帮你设计一个社会环境，激励你去坚持自己的目标：

1. 想想你生活中的人。你是否应该跟从他们的价值观，包括他们的行动和确立的目标？你是否应该对他们所说的和所做的进行补充？你可能应该同时做这两件事，可以先确认一下你的目标和行动能够怎样与他人的目标和行动互补。

2.谁应该成为你的榜样？记住：有效的榜样不仅仅是展示成功，例如，看电视体育节目不能让你健康健美，你的榜样是那些希望你做得更好的人。

3.你如何利用被别人注视的力量来提高自己的表现？无论是在观众面前表演还是在公共场所工作，执行高度训练的目标任务时你可以利用社会促进来提升表现，但在学习一项新任务时，你应该先尝试一个人练习。

第十三章

团队合作中不同的协调模式

就在美国的特里普利特观察到他人在场时骑行者骑得更快时，1913 年，在世界的另一端，法国一位叫马克西米利安·林格尔曼的农业工程师想知道，在有人帮助而不是有人注视时人们是否会努力。[9] 为了检验自己的猜测，他召集了一群人，并给他们一根绳子，绳子的一端连着测力计，用来记录人们的拉力。林格尔曼发现，单独一个人时，每个人都会拼命地拉，但是当几个人组队一起拉绳子时，每个人的拉力都会变小。

我们把这种动机缺失叫"社会懈怠"，这也是我们经常经历的现象。例如你在湖上划双人皮艇，你不太可能会用尽全力去划船。知道有人会替你用力时，你就会放松下来。在餐厅吃饭大家 AA 制时也会这样。如果你一个人去吃饭，你可能会特别注意自己点了多少，一是因为不想吃太多，二是你会在意自己花了多少钱。但和你一起吃饭的人越多，你可能最后要花的饭钱也会越多。一起分摊账单的人越多，吃饭的每个人就会越来越放松自己的消费限制。学校里的小组项目和工作中的小组会议同样会让我们放松努力，我们不会像自己努力解决问题时那样拼命去思考。很多人一起开会时人更容易走神。事实上，工作会议只会用到会议室里一小部分人的脑力。

无论是运动队还是组织委员会，交响乐团还是评审团，所有团队都存在社会懈怠现象。当我们主要关注的是团队的表现而不是个人做了什么时，团队成员就不太可能会努力。这种现象极为常见，以至有时会被称为"社会疾病"。

"搭便车"的行为很像社会懈怠，只不过"搭便车"的人不仅在集体中不努力工作，还会策略性地享受自己并没做过贡献的集体劳动成果。从不纳税却享受高速公路、公园等公共设施的人就是在"搭便车"。在工作单位，需要有人做志愿工作时，"搭便车"的人从不主动举手，但领工资和奖金福利时他们一点也不会少拿。在家里，这样的人也从不洗碗或倒垃圾。

在集体中偷懒或"搭便车"的原因把我们带回到了第七章里讨论过的"中间问题"这一概念。如果我们的行为不会被注意到，我们就不会在意要做好。评估个人贡献对团体的影响通常比较难，所以，如果偷懒的原因是没有人甚至我们自己可以看到我们的行动有多大影响，那么解决方案可以是让个人贡献更明显。

对抗社会懈怠和"搭便车"

2010 年，病毒式营销专家布拉德·丹普豪斯和安迪·巴列斯特尔创建了一个面向所有人的众筹网站。在两家最早成立的众筹网站

Indiegogo 和 Kickstarter^① 取得成功之后，他们两个人想创建一个让人们能为"生命中的重要时刻"筹集资金的网站。他们设想的是通过这一网站，人们可以为自己的个人爱好和需求筹集资金，例如蜜月旅行和毕业礼物。他们给网站起名叫 GoFundMe。

现在 GoFundMe 网站已经是一个很成功的众筹平台了：一对夫妇为他们的金毛犬筹集了近 1.5 万美元的化疗资金；加利福尼亚州一名 7 岁的小女孩筹集了 5 万多美元，用于购买并捐赠描绘不同种族主人公的图书，以及购买和捐赠蜡笔，送给她所在社区不同肤色的人；科罗拉多州的一名教师筹集了超过 92000 美元，帮助他的一名学生寄养家庭的一个小男孩支付肾移植手术费，使他能有机会活下来。

这些都是伟大的目标。虽然 GoFundMe 的成功有很多原因，但在丹普豪斯和巴列斯特尔建立这一众筹网站时，他们强调了两个很有用的特点：每个人都可以选择在捐款时附上自己的名字，而且每笔捐款无论大小都会被单独列出。

匿名捐钱时，人们往往捐的钱会更少，因为感觉捐款行为没有和名字挂钩。而且如果捐款人只能把他们的个人捐款与筹集的总金额做比较，他们的钱感觉就是杯水车薪。但如果每一笔捐款都被附上了名字，人们就会更有责任感，既关心整个团体筹集了多少资金，也关注自己的捐款与他人相比如何，因此就会捐得更多。这种激励作用不只在捐赠中可以看到，如果能清楚地了解谁在团队项目中做了什么，人们就会更有责任感。看到他们的贡献对项目的成功有影响，他们就会更加努力。

---

① 这两家众筹网站主要为科技和艺术创客筹集资金。——译者注

如果你的贡献不仅清晰可见，而且还可以做表率呢？用你的个人贡献来激励他人是对抗社会懈怠的另一个有效方法。你做得越多，其他人就越有动力做贡献。因为你树立了榜样，团队里的其他人也会更加努力。把自己视作榜样时，人们会有动力做更多以充分利用自己的影响力。环保人士或政治活动家在社交媒体上发帖保护生物多样性或者报名参加投票工作，背后的愿望也是激励其他人加入这些事业。即使只是潜在地影响他人也会有激励作用。当你想把自己的贡献展现给外界时，不管是捐钱还是付出时间抑或是工作上更努力，你都会提醒自己对其他人行为的影响，从而激励自己更加投入。

另一个解决社会懈怠的方法是把大群体分成小群体。有一项研究将这一想法付诸实践，比布·拉塔内和同事要求参与者在小组里鼓掌并大喊。[10] 这项任务的表面目标是测试欢呼的观众能制造出多大的声音，但实际的研究目标是测试群体的规模如何影响社会懈怠。研究人员比较了参与者在小群体和大群体中发出的音量，发现当小组中人的数量从 1 个增加到 6 个时，每个人发出的声音都开始减小。就像在皮艇上一样，拍手和大喊时，人越多个人就越不努力。难怪大公司的社会懈怠问题比小型创业公司更严重。如果你在一个大型团队，解决方案之一可以是将大的团队分成小的子团队，每个子团队里只有几个人。

最后，让贡献个人化也可以对抗社会懈怠。某些类型的捐赠体现了捐赠者的本质特点，极端例子如献血甚至捐献器官，在这种情况下，你是在捐献自己身体上的一部分来帮助别人。同意献血时，我们会觉得相比于捐钱自己与这项事业更有个人联系，因为捐钱影响的是我们口袋里的钱，而献血伤的是自己的身体。有些类型的贡献在象征意义上也能显现出帮助者的本质。例如，在请愿书或你的工作文件上签名时，你的名字承载着你的文化和家庭身份，以及你在这些社会群体中作为个体的独特身份。当人们以签名的方式给出自己的名字时，他们往往会更乐于付出，也会更好地投入工作。

考虑到以上因素，在一项研究中，古民贞和我先是给了每位学生一支圆珠笔作为礼物，然后再邀请他们把新笔捐赠给缺少学习用品的孩子。一些学生收到笔后很快就捐了出去，而另一些学生则是多拿了一会儿再捐出去——来到实验室时，他们收到了圆珠笔的礼物，在实验结束时受邀再捐赠出去。这些学生因为有时间培养自己这支笔的"所有权"，所以他们感觉这是他们自己的笔。我们发现，对这支笔的"拥有"会让人觉得捐笔更有意义。[11]拿笔时间更长的学生告诉我们，他们会更加致力于给那些孩子提供学习用品。

当人们有机会将一项事业个人化，这一事业能传达出他们某些身份特征时，他们会对这项事业更投入。同样的原因，如果你有机会做出独特的贡献，需要用自己独有的专业知识和技能而且也只有你才能做出这一贡献时，它就会激励你为大家共同的目标贡献自己的资源。这就是为什么在筹款活动中烘焙义卖活动最热门，因为只有你知道软糖布朗尼的独特配方。这也是为什么划双人皮艇时人们会放松努力，因为划皮艇时不是只有你在做贡献。

组内协调

虽然在本章中我曾把社会懈怠说成社交疾病，但与他人合作时，放松一下努力也不总是坏事。对抗社会懈怠和"搭便车"的干预措施背后的假设是，因为相信其他人也在为共同目标努力，人们往往会拖延自己的工作，最终导致团队表现不佳。虽然人们减少努力的部分原因是自私，但自私不是唯一的原因，有时候人们是为了与他人协调而放松努力。

团队一起工作时人们可以通过轮换来协调努力。俗话说，人多手杂反误事。的确，在评估什么对团队最有利时我们也不清楚是否所有人一起完成同一任务最理想。有时，一部分人先工作，其他人待命，等同伴累了他们再去接班，先工作的那部分人这时候就可以放松一下。

除了轮流换班，团队成员在其他人工作时选择放松还有其他几个很好的原因。这些团体成员并不是自私，他们是在协调一致。

这不是自私，而是分工

在我家洗衣机需要修理时，我是不会请人来维修的。我不打扫地板，不带狗去看兽医，也不去接孩子放学，这些由我丈夫做。我是个天生的拖延者吗？也许吧，可能每个人都是，但我的这种分工安排并不少见。夫妇往往会分工做家务，这样两个人差不多都在全权负责某些工作。虽然我不做上述家务，但我负责买衣服和洗衣服。我会觉得，要不是因为我的付出，丈夫和儿子就得光着身子或者至少得穿着脏衣服到处跑。我还负责送孩子上学，学校护士打来电话时我负责接听。

亲密关系中，两个人之间会有一定程度的互补，即夫妻之间相互补充彼此的责任。在一项研究中，丹尼尔·韦格纳和几位同事请来一些夫妻和一些陌生人一起做记忆挑战任务。任务测试的是各种知识，如电视节目、科学还有其他领域知识的记忆。研究人员先是给了这些小组几个问题的答案，然后测试他们对事实的记忆程度。结果是，夫妻组成的小组比陌生人组成的小组表现更好。[12]

夫妻的取胜秘诀就是有效分工。夫妻在学习新信息时，每个人都会专注去记自己感兴趣领域的答案，而很少注意其他领域的知识，他们认为另一半会去记那些知识。如果我是家里的科技宅，而我丈夫爱看电视，我们会自动分工，我记科学知识而他记电视知识。但陌生人小组不会自然地分工，组里的两个人都会努力去记尽可能多的信息。所以他们记的知识信息会有很多重叠，但作为团队，他们记住的就相对少得多。

当然，这种劳动分工也有缺点。在家里，我的经济责任相对较少。虽然在工作中我要听很多经济和金融方向的研究，但在家里我把管理家庭财务的工作交给了丈夫。虽然我会参与家里的重大决定，例如买什么新车，但我不会定期处理我们的税收、银行账户和抵押贷款等事宜，这些都是我丈夫在做。

虽然不去处理家庭财务可以让我专注于生活的其他方面，例如写这本书，但这样做也是有代价的。久而久之，我在这方面的缺乏投入就会变成缺乏理财知识，也就是研究人员所说的理财素养差。有理财素养的人具备基本知识，能应对现代生活所需的复杂的财务决策，他们可以在如何理财方面做出明智的决定。这些理财知识是人们在成年后的生活中学习的，但只有在做理财决定中才能真正学到。阿德里安·沃德和约翰·林奇在研究中发现，家庭成员只有在他们负责为夫妻做理财决定时才会学到理财知识，不掌管家里财政的成员就会一直不懂理财。[13]

不管是财务还是其他责任，把它们推给另一半，可能的确会让你现在不需要去知道，但这会给你将来需要在这方面做决定时造成困难。如果你把责任转给了配偶，你可能不会做饭，不知道去哪购物，甚至连兽医的电话号码都不知道。

因此，成功的关系涉及一定程度的劳动分工，每一方都能互补另一方的工作，这样就可以有效处理两个人的关系和家庭责任的方方面面。如果伴侣在做饭，你最好去洗碗，厨房也不需要两个厨师。但要注意，如果夫妻分开或者一方离开另一方生活，这种适应性协调就会出问题。虽然学习的分工说明两个人关系很好，但你不能把学习生活知识的任务全部交出去。换言之，你的理财知识不能仅限于把自己银行账号写在一张便利贴上。

这不是自私，是团队利益最大化

你饿了时会不经同事的同意就从她抽屉里拿吃的吗？如果她是你最好的朋友，是否会改变你的决定呢？或者你会考虑让别人接受减薪，这样你就可以升职加薪吗？如果这个人是你的伴侣，你要换工作，对方需要和你一起搬到一个新的城市呢？

未经允许拿别人的东西，我们大多数人会犹豫，除非那个人是好朋友。我们永远也不会指望别人为了我们的事业发展而放弃自己的事业，除非那个人和我们是固定的伴侣关系。虽然在亲密关系中你的行为可能显得自私，但我们的动机通常不是。涉及亲密关系时，我们会考虑自己的行为将如何影响两个人。我们认为，一个人的损失小于另一个人的收益时就可以接受，因为这样做对作为整体的团队会更好。

这种看似自私的行为背后的动机原则是我们所说的"友好索取"。相比于关系疏远的朋友，人们更乐于从亲密朋友那里拿走资源，因为这样做会使群体利益最大化。我们把这种行为冠以"友好"而不是"搭便车",是因为这是出于好意。正如我们在第十二章谈到的,人们感觉自己的身份和亲密朋友的身份有重叠,所以他们在分配资源时更关注群体的总体利益。这样的结果就是,他们愿意牺牲朋友的利益,因为这对他们自己的帮助大于对朋友的伤害。在上述场景中,拿走朋友的零食或要求伴侣牺牲自己的事业时,他们相信自己得到的会超过朋友和伴侣的损失,因此这对整个团队是有利的。

这并不是说所有的索取都是友好的。有人会利用陌生人,却会善待自己的朋友和邻居,因为他们更关心和自己亲近的人,有人也可能纯粹出于自私去利用朋友。只有当人们更乐于从亲近的人那里索取时,才是友好索取,因为他们在内心算过他们的索取会让群体得到更多利益。所以,我和丈夫在外面遇到下雨时,我可能会接受他把雨衣给我用,因为我知道自己不想被淋湿,但他不太在意自己是否会被淋湿。把雨衣给我,他会有一点损失,但我会得到很多。因为我得到的比他失去的多,这对于我们夫妻团队是有利的。

为了在对照实验中验证这一效应,涂彦平、亚历克斯·肖和我请一些人每人带一位朋友来实验室品尝松露巧克力。在报名参加这项诱人实验的过程中,参与者被邀请在两种品尝包中做选择。A 包是"7块给自己,3块给朋友(共10块)",B 包是"2块给自己,4块给朋友(共6块)"。参与者知道按照规则要求不能重新分配巧克力,他们必须在对自己有利的选项和对朋友有利的选项之间做出选择。不出我们所料,与朋友关系越亲密,他们就越有可能选择对自己更有利的方案 A,这也会使他们团队的总收益最大化。[14] 虽然这种选择看起来很自私,但它是出于友好的意图而不是想占朋友的便宜。在亲密关系中，人们关注的是"我们"，也就是他们的团队总共得到了多少，而不是谁得到的更多。他们会选择得到更多（同时团队里有人也会得到更少），底线是团队得到更多就好。

其他研究发现，当为自己和亲密朋友选择奖励时，人们主要关注的是双方的总体利益，而不关心谁得到什么。这一倾向也许可以解释为什么关系稳定的夫妻总是更关心他们的总收入最大化，即使这意味着一方赚的钱比另一方多很多。这就是在上述场景中发生的，放弃自己的工作搬到另一个城市，是因为伴侣在那里升职了。但请记住这样做也有弊端，如果两个人都不用牺牲自己的收入潜力，他们的关系会更平等，从长远看可能也更有益。

从全球的角度来看，关注总利益最大化的趋势也可以解释为什么政策制定者常常担心的是本国的经济增长而不是国内财富的公平分配。同样，这样的关注不利的一面是，对整个国家有利的事可能会对很多居民个人不利。

这种不太担心谁得到了什么的倾向进一步解释了为什么我们有时会把别人的想法归功于自己。谈到动机研究时，我有时会忽略承认另一位研究者的功劳。我说"我们发现了"，但实际上是另一个人的发现，因为我是在研究发表后才读到他的研究结论的。虽然这很尴尬，但相比于不认识的人，我更有可能会忽略承认私交很好的同事的功劳。同事的想法在我脑中与我的想法融在了一起，这些都是"我们"的想法，即使严格说来它并不是我的想法。

对整体利益的关注甚至可以被用来合理化版权侵权。如果你认为利用别人的工作，例如免费使用某软件，对你的帮助大于对他们的伤害，在你心目中这个群体（这一次的"群体"是你和他们，或者是有相同兴趣的人）作为整体是获益的，尽管实际上是你获益而版权人受损失。这个友好索取现象可以解释为什么我们经常表现得像是在"搭便车"，因为我们认为这是一个高效的解决方案。

这不是自私，是在别人不想工作时有意愿工作

选择哪一种会更有效地增加你的动机，是想着别人已经为共同目标做了贡献，还是记着他们还没做什么贡献？例如，是听说你的团队成员在努力工作，还是听说他们在偷懒，会让你更愿意为团队项目而努力呢？

这个问题可能会让你想起第六章中关于什么能增加动机的讨论，是半空的杯子还是半满的杯子。在追求个人目标的情境下，我问的是你是会被自己已完成的行动所激励，还是会被未完成的行动所激励。评估是什么激励人们去帮助团队实现共同目标时，可以参考这一问题。是想到其他人未完成的行动还是想到他们已完成的行动，团队成员更有可能去助力？他们不出力是出于自私的动机，还是想用自己的行动去补充别人未做的事情？

和在第六章一样，是完成的还是未完成的行动会增加动机，取决于个人的投入度，不过这一次是对你的集体目标和团队的投入度。那些对你很重要的目标，你的投入度也会更高。这些目标包括：影响到你如何向别人描述自己的目标，例如"我在这家医院工作"；有长期影响的目标，例如多年的房屋改造项目；有高度利害相关的目标，例如将决定公司命运的某个产品。你对一些团体也会比其他团体更投入，例如你对刚加入的团体，如新的工作团队就不会太投入。如果你刚结婚，你对自己伴侣的大家庭和他们共同目标的关注可能相对来说

会低于对你自己大家庭的关注，因为你的大家庭早已是你整个生活的一部分了。

当你对某个目标或团体不那么投入时，你通常会去评估这个团体的共同目标是否值得去追求——是否应该把时间、金钱和精力投入他们决定要实现的目标上。在这种情况下，其他人的贡献能表明这一目标既重要也是可以实现的。别人努力时，你也会努力；如果别人不努力，你也很少会去努力。他们完成的行动会增加你加入他们的意愿。例如，如果新办公室的厨房干净整齐，你就一定会喝完咖啡后顺手把杯子洗了，因为你不想和大家的做法格格不入，但如果厨房里又脏又乱，你也会顺手把脏杯子扔在水槽里。

相反，当你对某个团体或目标比较投入时，你通常会评估目标的进展速度。觉得其他人未采取足够行动而自己应该补充时，你就会投入更多的时间、金钱和精力。在这种情况下，缺失的行动会提升投入度。例如，如果你的家人把厨房弄得一团糟，相比于厨房比较整洁时，你更有可能会把厨房收拾干净。你不会选择家人怎么做你也怎么做，你会补充他们的不足。

在一项研究中，古民贞和我发现，同样是为一个共同目标捐款，但人们的初衷可能正相反，有的人是因为其他人在捐款，有的人则是因为其他人没捐款。这项研究观察的是 2007 年一家慈善机构为帮助乌干达艾滋病孤儿筹集的捐款。[15] 活动组织方在两个群体中筹集捐款：一个是未参加过该组织捐款的新捐款人，另一个是曾为该组织多次捐款的老捐款人。我们发现，如果宣传信息强调的是现有捐款，比如"到目前为止，我们已经通过各种渠道成功筹集了 4920 美元"，新捐赠人更有可能捐款，知道别人在付出时他们也会想付出。相比之下，当宣传重点放在未筹集的捐款上，比如"我们已经通过各种渠道成功筹集资金，但还需要 5080 美元"，老捐款人更有可能捐款，知道募集钱款还有缺口时他们会决定捐款，他们在弥补其他人没做到的事情。

投入度高的人不太可能在别人努力时自己"搭便车"，他们更有可能会补充别人所做的工作。他们认为在别人放松努力时他们必须站出来多承担，而不是随大溜。虽然他们的行为看起来像"搭便车"，但动机截然不同，他们在保存实力，团队一旦落后了他们就会更努力。

除了对事业的投入，我们对团体的投入同样也决定了我们是会随大溜还是会补充他人的行动。例如，相比于帮助别的地方的年轻人，大学生更愿意帮助本校同学。在一项研究中，大学生小组需要提出手机和蛋白棒等产品的营销创意。[16] 一些学生被分到和本校其他学生一组，而另一些学生则被分到和其他大学的学生一组。与本校学生在一组时，学生们会弥补其他人的行动不足。我们强调小组需要更多创意才能达到目标时，他们更有可能去积极思考。而和其他大学的学生在一组时，学生们会跟着他人的行动。我们强调小组成员已经有了一些创意时，他们更有可能提出自己的想法。你的创造力大小常取决于你有多大意愿投入创造性的任务中，你对团队投入度越高，就越有可能在别人没什么想法时提出更多创意。

当我们在内心感觉和那些能从我们的帮助中获益的人很亲近，并且认为其他人没能提供帮助时，我们就会给予更多帮助。当我们内心感觉与获益人并不亲近时，模式就会发生逆转，在这种情况下，如果别人在提供帮助，我们也会给予更多帮助。在评估对美国加州火灾灾民和对肯尼亚政治动乱灾民救助意愿的研究中，研究人员观察到了这些不同的模式。在我们提醒受火灾的是我们的同胞，或者肯尼亚灾民在社会意义上和我们很相近，就像我们的孩子和家人一样，那些心理上感觉与这些灾民很亲近的人，在认为别人的救助不够时会愿意给予更多救助。而那些心理上没有感觉到和灾民很亲近的人，如果认为很多人在救助灾民，他们也会提供更多帮助。和之前谈到的一样，那些在心理上感觉和灾民很亲近的人在没有提供帮助时，不是出于自私，而是因为他们想要在他人救助不足时再出手，因而也会在最需要的时候为灾民提供帮助。

当你高度投入却放松努力时，例如，当你不帮孩子完成家庭作业时，往往是因为别人（很可能是你的配偶）已经在帮孩子了，你希望能解决共同目标中被忽视的方面，把资源留到最需要的时候。当你高度投入时，你不会因为别人都在做什么或者什么流行就去做什么，你会在别人不努力的时候去努力。

值得注意的是，投入者对象征性的给予不会有太大兴趣。超市的收银员在你结账时问你是否要捐1美元，这象征性的1美元没多大用，对这项事业真正投入的人不会关注一次性的小额捐赠，你希望自己的帮助能促进改变。如果他们请你做一些有影响的事一起推动事业的进展，而不是请你做出小额捐赠以表示你的关心，你会更有动力。

因此，我们能不能得出这样的结论：人们很少是自私的或很少试图利用集体的努力？我反对这种推断。我们当然常常是自私的，也喜欢留存自己的资源，否认人的自私或想要留存自己的资源，就像在否认我们人类的本性。尽管我们经常被自身利益驱使，但是与他人合作的能力也是我们作为人类所固有的，这是所有伟大成就的基础。因此，我们应该问的是什么时候和为什么，而不是当别人在提供帮助时，有人是不是不出力。当我们得出结论，包括我们自己在内有时候会不出力时，我们应该利用动机干预科学来对抗真正自私的社会懈怠。

问自己的问题

意识到团队合作对我们实现很多最重要的目标必不可少后，我们要区分团队成员中有利和不利的协调模式。如何最大限度地减少社会懈怠和"搭便车"行为？团队成员什么时候应该轮流努力而不是所有人同时努力？如何激励自己为团队的共同目标贡献资源？答案似乎取决于目标和团队。

为了最大限度地减少团队成员的自私行为，最大限度地实现团队成员间的健康协调，同时激励自己也要做到，你可以问问自己以下几个问题：

1. 你和别人一起追求的主要目标是什么？考虑一下你是否需要修改自己的目标体系，以确保涵盖团队努力的共同目标。

2. 在追求共同目标的过程中，你如何将社会懈怠和"搭便车"行为降到最低？可以考虑让个人贡献更明显，让团队成员能够相互激励，采用小团队或个人任务，让团队成员能够以个人化的方式做出贡献。

3. 与他人合作时，协调是成功的关键。你团队的协调能力怎么样？具体来说：

- 你的劳动分工是最佳的吗？你是否尽量减少了任务和知识

的重叠，但同时也不会破坏你的独立性，以防小组成员出现变化？

- 感觉与某人关系亲近，是否有时会让你表现得很自私，即使是出于好意？例如，你会让伴侣做出你永远不会让别人做出的一些妥协吗？

- 当高度投入时，你能否通过关注别人没有做的事（杯子半空）来激励自己？当你的投入较低时，你能否关注别人已做的事（杯子半满）来激励自己？

第十四章

和朋友、家人一起达成目标

　　有了第一个孩子后不久，我和那些没有孩子的朋友开始疏远了。他们邀请我去看电影、吃饭或者去新开的咖啡厅喝咖啡时，我几乎总是拒绝；他们和我讲第一次约会的经历，不管是好是坏，我也很难有共鸣；我和他们说我终于能让孩子连续睡四个小时或者我担心她是否吃饱吃好了时，他们也无法回应；我笑那些广告说父母既需要摇篮又需要婴儿床而实际这两个是一回事时，他们也不觉得这有什么好笑。最后他们不再邀我出去，我也不再和他们说我的生活又发生了什么，当然我的生活大部分都是围绕着我的女儿。

　　我和朋友之间的问题不仅仅是对谈话中彼此的话题缺乏兴趣，我们的人生目标也出现了分歧。我们常会在一些重大事情发生后与某些朋友渐行渐远，因为这些事改变了我们的生活。因为朋友和我在追求不同的生活目标，我们很难互相支持。

　　在所有成功的关系中，支持对方的目标都很重要。但在大多数关系中，无论是友谊、家庭还是浪漫关系，每个人都更关心自己是否感觉得到了帮助，而不是是否给予了帮助。那句用烂了的分手台词"这不是你的问题，是我的问题"适用于所有关系。动机科学认为，你的人际关系与你有关。具体来说，这些关系就是与那些帮你实现目标的人建立联结。

你生活中的人不仅能帮你实现你的人际关系目标，如配偶让你成为丈夫或者妻子，孩子让你成为父亲或者母亲，他们还能帮你实现你设定的所有目标。你会靠近那些支持你、帮助你实现人生愿望的人，远离那些阻碍你实现梦想的人。因为关系中的双方都希望得到支持，所以只有当双方都感觉自己在付出的同时也在得到，这种关系才会成功。

通常如果你们有相似的目标，提供支持会更容易。我说"通常"是因为准确地讲，你们可以彼此帮助去实现仅属于对方但不属于自己的目标，但这样可能会比较难。目标一致有助于建立幸福的关系。我们和有相似目标的人交朋友，这也能鼓励我们坚持自己所想要的东西。小学时，你可能会与和你一样喜欢玩单杠的孩子交朋友；中学时，你的朋友可能喜欢追求时尚，这也支持你想让自己看上去很潮很酷的目标；工作后，你可能会与和你价值观相同，都相信工作努力、诚信做人的同事做朋友，他们和你看同样的电视节目或者读同样的书。但随着时间的推移，我们成长了，兴趣也改变了，友谊会变淡，朋友也会疏远。例如，你上大学后，高中时的友谊会变淡，这很正常，这时候你会和有相同学术和生活目标的人交朋友。这些新朋友对你来说更有用，而你对他们来说也更有用。

当然，有共同的目标并不能保证你们之间就有相互支持的关系，它只是会增加这种概率而已。和你竞争升职的同事和你有着相似的目标，但可能会破坏你的职业成功。这种情况下，和你有共同目标的人最不可能成为你的朋友。你的父母可能会支持你的学业和职业目标，即使他们的人生道路与你的完全不同。父母不需要自己有大学学位才会支持孩子攻读大学学位。说到底，重要的是关系要能帮助而不是阻碍你的目标。如果父母不支持孩子成为作家、艺术家或厨师，父母和孩子的关系也可能会疏远。

如果伴侣不支持对方的目标，婚姻可能也会破裂。虽然两个人有相似的目标会更好，但这并不是必须项。你的伴侣可能是一位才华横溢的画家，但你连一朵花都画不好；他可能是一位热爱烹饪的厨师，而你最擅长的就是煎鸡蛋；他可能是一位医护人员，而你看到血就会晕过去。即使有这些差异，你们也依然可以帮助对方成功。

在生活中，支持你的人会鼓励你坚持目标，在你落后时推你一把。他们期望你成功，对你所能做到的会给予足够的肯定。他们可能也会提供资源，虽然你的另一半只会煎鸡蛋，但他／她会给你买一个漂亮的馅饼盘，或者总是会把锅洗干净了给你备用。他们可能会在你们生活的其他方面承担更多责任，好让你能够追求自己的目标。就像我的丈夫，在我想写这本书时，他承担了更多照顾孩子的责任。当你追求目标需要钱时，他们甚至会帮你支付账单。

目标改变导致关系转变

目标改变时，人际关系也会随之改变，例如当我有了孩子后。除了人生大阶段这样宏观的目标变化，如成为父母或开始一份新工作，你的目标也会有一些微小变化。我们每天的日常目标也会有变化。今天上午我需要在家里给儿子讲课。因为疫情他待在家里，很多时候需要靠我们夫妻俩用有限的能力教他二年级的课程，还好他的线上班主任老师提供了巨大帮助。下午我会回到自己大学的工作岗位上。儿子的学校作业完成后，我就可以暂时不再依赖他的老师了。我的目标变了，帮我的人也变了。

这些变化很重要。我们重点关注一些目标时，心理上就会去靠近那些帮助我们实现目标的人；不再关注这些目标时，就不会那么靠近那些人。该关注某个目标了或者感觉自己落后了，这一目标就会被赋予动机优先级，我们因此也会靠近那些能帮助我们实现这一目标的人。一旦这一目标取得足够进展，动机优先级随之降低后，我们就不会感觉和他们很亲近了。

在一项针对目标进展如何影响关系强度的研究中，格拉涅·菲茨西蒙斯和我让大学生先写出一个在学习上帮他们学得更好的朋友，再写出另一个和他们的学业成功无关的朋友。[17] 然后我们要求一些学生去想在学校里已获取的成绩，另一些学生去想他们还需要什么学业进展才能实现学习目标。我们想知道的是，回忆之前的成绩和思考还需完成的学业会如何影响学生对他们所写的朋友的亲密度。正如你猜到的，那些考虑自己还需完成的学业进展的学生，感觉自己和能帮助他们学习的朋友更亲近。但如果学生想的是已获取的成绩，他们感觉两个朋友都一样亲近。已取得的学业进展暂时降低了学业成功的动机优先级，降低了他们对能够帮他们学得更好的朋友的亲密度。

向那些支持我们目标的人靠拢的趋势会产生奇特的结果。首先，相比于别人帮助我们之后，我们在别人帮助我们之前更感激他们。当然，一旦你得到了帮助，任务也完成了，你会很感激对方，但这种感激没有他们在帮你之前那么强烈，这是因为对帮助者的感激程度取决于你对他们的需要程度。当你充满动力朝着目标去努力并且认为有人会帮助你时，你会心存感激。一旦目标完成，你就会把注意力转到新的目标上，对刚刚帮助你实现之前目标的人就没那么感激了。

为了说明感激是如何在提供帮助之前达到顶峰，本杰明·康弗斯和我进行了一项研究，以电视真人秀《谁想成为百万富翁》为原型设计了一款问答游戏。[18]就像在游戏节目中一样，"参赛者"需要回答一些冷门知识问题来赢得奖品，他们可以使用"求助热线"，在回答问题时找人帮忙。我们发现，相比于从帮助者那里得到答案并赢得这一轮，选手们在向帮助者求助并且还没有拿到答案时会更感激帮助他们的人。

这个模式不太符合我们的直觉。如果你帮别人搬家，你通常会认为在你放下最后一个箱子时，他们会比你在帮忙收拾东西时更感激你。同样，大多数医护人员也会认为患者在治疗结束时比治疗进行时对他们更心存感激。虽然餐厅的顾客可能在接受服务时，会对服务者更感激，也更愿意给更高的小费，但餐厅通常是在服务结束后要求付小费。了解到什么时候感激会达到高峰，你就不会在收到别人的感激时感到失望了。

目标让人建立联结

1894年，一位来自波兰的年轻女子在法国遇到一位男子，她刚刚在巴黎索邦大学获得物理和数学学位，而他是工业物理与化学学院的物理学教授。他们联手改变了化学、物理学和医学，但当时他们只是两个相爱的聪明热情的年轻人。共同的学术热情使得玛丽和皮埃尔·居里很快走到了一起，相遇一年后他们在皮埃尔父母居住的索镇市的市政厅结婚了。他们用婚礼的礼金买了两辆自行车，因为骑自行车是他们的另一个共同爱好。皮埃尔所在学校的校长给他们提供了一间破旧的小屋做实验室，在实验室日复一日单调的工作和学习之余，玛丽和皮埃尔会时不时地去长途骑行探险。

现在我们知道，他们是发现元素周期表上钋和镭两种元素的科学家，特别是玛丽·居里，她是最早取得如此杰出科学成就的女性之一。1903 年，玛丽和皮埃尔以及亨利·贝克勒尔共同获得了诺贝尔物理学奖，该奖奖励他们对自发性辐射的研究和发现。皮埃尔坚持让玛丽和他一起被提名。8 年后，玛丽自己获得了第二个诺贝尔奖，这次是在化学领域。

玛丽·居里和皮埃尔·居里能够做出如此惊人的发现，部分原因是他们俩为了发现新元素的共同目标携手共进（为了这一目标，皮埃尔放弃了对晶体的研究）。但作为一对夫妇，他们的力量来自在很多目标上的高度一致：他们的科学目标、骑行目标、养育两个女儿伊雷娜和艾芙的目标，可以肯定还有一些历史书没有告诉我们的其他目标。

在他们的一生中，这对著名的夫妇用到了目标将我们联结在一起的几个机制。

第一，正如之前所说的，我们会与那些有相似目标的人产生联结。和那些与你有着共同目标的人相处会更轻松。第一次见面时，玛丽和皮埃尔就因为共同的科学兴趣而产生了共鸣。第一次遇见你的伴侣时，你可能会发现你们都喜欢徒步旅行和烹饪，这些共同之处引发了你们情感上的共鸣。

第二，支持别人的目标，同时感觉自己的目标也得到了对方的支持时，你们彼此就会产生联结。就像皮埃尔坚持让玛丽一起提名诺贝尔奖一样，皮埃尔以此来表达对她的支持。帮助对方一起追求共同目标是产生社会联结的基础。当你每晚坐在餐桌旁，和伴侣聊这一天过得怎么样时，帮对方想出一个和同事收拾工作中烂摊子的好方法，你会帮助对方找到职业目标。当你的伴侣注意到你每晚回到家里焦虑不安时，和你聊聊近期要完成的工作带给你的压力，让你放松下来，他们是在支持你的职业目标。支持也是双向的，如果夫妻一方得到了支持，但没有给对方支持，得到支持的这一方很可能比对方对这段关系更满意。

第三，除了以上这两种联结机制，我们也会通过共同的目标产生联结。当你和朋友、同事、家庭成员或伴侣一起追求一个目标时，你会体验到与她们或他们的深度联结。需要共同努力的目标，会将追求目标的团队凝聚在一起。试图分离出钋和镭时，玛丽·居里和皮埃尔·居里日复一日地在那间破旧的屋子里不知疲倦地一起工作。你和伴侣可能正在存钱买房子、养宠物或者计划去新西兰旅行。不管目标是什么，你们需要对方才能成功的这一事实会把你们更紧密地联系在一起。事实上，如果你发现自己和伴侣或朋友有点渐行渐远，想要维持你们的关系时，找一个你们可以共同努力的新目标，会有助于加深你们之间的关系。你可以和伴侣一起参加绘画班，或者和朋友一起参加动感单车班。

第四，我们通过为他人设定目标以及他人为我们设定目标来建立联结。和大多数父母一样，玛丽和皮埃尔·居里希望自己的女儿在学校里学习出色。我们猜他们家可能都喜欢科学，这一点可能也促使他们的大女儿伊雷娜·约里奥–居里在 1935 年赢得了自己的诺贝尔化学奖。伊雷娜追随父母的脚步，和与她共事的丈夫一起获得了诺贝尔化学奖。

当我们为家人或朋友设定目标时，比如你希望妹妹在新工作中表现出色，或者希望朋友能跑完马拉松，我们会觉得和那个人更亲近。反过来，我们也会感觉和那些为我们设定目标的人更亲近。但请注意，当你为某人树立目标时，只有他 / 她也为自己树立同样的目标时，他 / 她才会感觉和你更亲近。如果你的兄弟姐妹不想读书或锻炼，让他们多读书或多锻炼可能会引起他们的不满甚至怨恨，他们可能会觉得你想控制他们。记住，只有当别人也为自己树立某一目标时，你才应该为他 / 她树立这一目标。如果你给我的不是我想要的，我不会感觉和你更亲近。

这些不同的目标联结机制的结果就是我们的个人目标会影响到我们的朋友、家人和伴侣的目标。我希望我的目标和我伴侣的目标相似，也希望我的这些目标能得到他的支持。我和他既共享目标也为他设定目标，因此我会预期我们的关系会塑造我们的目标。一些动机研究人员甚至认为有亲密关系的人会有一个共同的目标系统，他们分析夫妇的目标系统是：两个人一起想要什么，以及两个人为对方想要什么。[19] 类似地，大的团队，如大家庭或组织，可以被看作拥有一个共同的目标系统，在这一系统中，团队已经找到了一系列的目标和实现方法，并已经决定了这些目标之间的联系是相互竞争还是相互促进。

但是，尽管两个或更多的人通常有一个共同的目标体系，但这个体系不能取代他们各自的目标体系，我们想要的并不都是和另一个人的关系的一部分。我们有些目标是真正属于个人的，而另一些则属于完全不同的社会群体目标。此外，共同的目标不一定平等地服务于目标涉及的每个人。对一个人来说，它可能是目标体系的核心，而对另一个人来说则可能是外围目标。我们回到之前提到的夫妇，因为其中一方升职，他们决定搬到一座新城市，为了搬家而放弃自己事业的那一方现在要承担更多的家庭责任，还要照顾孩子，并在伴侣的职业转型期给予情感支持，所以这一职业目标对其中一方的好处比对另一方的好处大得多。尽管过去的几十年在女性平等方面我们取得了巨大进步，但这种情况仍然存在于很多女性身上，她们觉得自己被期望放弃个人目标来支持夫妻俩的共同目标。这些女性的个人目标体系会为了家庭所追求的共同目标体系而妥协。虽然我们自己的目标会和作为夫妻、家庭或朋友的目标之间有重叠，但通常我们不会和任何人有完全一样的整个目标体系。

目标体系之间的相互依赖会产生一些有趣的影响，比如将目标外包转给其他人。在亲密关系中，想到别人会帮我们实现目标，尤其是他们也为我们设定了同样的目标时，我们就会缺乏动力去督促自己，反而相信别人会让我们坚持目标。很多孩子把个人卫生工作甩给父母。从孩子的角度看，如果父母提醒他们洗澡，他们就不需要再提醒自己了。在一项研究中，那些知道父母会支持或敦促他们努力学习的大学生，在激励自己学习时就会缺乏自控力。[20]知道别人会让你坚持某些目标，你就会感觉自己对目标不需要负太多责任。

通过平凡的目标建立联结。想到与人产生联结的目标时，你可能想到的都是那些像养家或发展事业这样的大目标，这些也是我到目前为止主要描述的目标，但我们也始终在通过小目标建立联结。当你开始和邻居一起遛狗时，你们就是在通过让狗锻炼这个小目标建立联结。我们还会通过交流图书或推荐音乐来建立社会联结。例如，我经常和同事一起喝茶，和以色列同胞一起吃鹰嘴豆泥和芝麻酱（两种最受喜爱的中东食物）。虽然让食物进入身体是一个平凡和基本的目标，但那些给我们提供吃的或者和我们一起吃饭的人常被我们看作朋友。难怪英语单词"companion"（同伴）就是来自法语"compagnon"，其字面意思就是"与他人共进面包的人"。这个词在汉语里还是"朋友"的意思，中文"伙伴"就有由代表烹饪的"火"和代表同伴的"半"这样的组成部件构成的。给别人吃东西或者只是和他们一起吃饭，就能让你和他们产生联结。

小孩也要依靠基本目标来建立社会关系。[21] 克里斯蒂娜·福西特和洛里·马克森发现，三岁的孩子会在模拟游戏中让木偶"选择"吃他们喜欢的食物，他们就会更喜欢玩这个木偶，这种趋势会持续到成年。一项研究发现，吃相似食物的陌生人彼此信任程度更高，彼此合作也会更好，[22] 因为食物过敏或文化限制而不能和别人一起吃饭的人往往在吃饭时会感到更孤单。[23] 不能与他人一起追求基本目标会破坏社会联结。如果你的孩子对谷蛋白过敏，你可能不必担心他在生日聚会上不能吃美味的蛋糕或比萨，而应该担心因为不能和同龄人吃一样的食物他会缺乏社交联结。如果你十几岁的孩子想喝酒，他可能并不是为了尝酒的味道或想喝得微醺，真正原因可能是为了和那些喝酒的朋友建立联结。如果你想引导他们远离酒精，那就鼓励他们和朋友在其他目标上建立联结。

我们通常凭直觉用这些方式确保自己与他人建立联结。父母通过满足新生儿的基本需求，如喂养和洗澡，与新生儿建立联结。为了建立社会联结，我们可以提供一顿饭，在邻居度假时照顾他们的植物，日照强时给朋友使用防晒霜或者天冷时给朋友拿条围巾。虽然我们还没有研发出爱情秘方（至少现在还没有），但我们已经发现了利用目标拉近人们距离的科学方法。

建立有意义的社会联结

在我写这本书时，我们正处于保持社交距离和自我隔离的时期，这是经科学证明的防止新冠肺炎疫情传播的方法。但在世界各地的人们远离亲友的同时，卫生专业人员和社会科学家也注意到了社交孤立的负面影响。独处本身也有健康风险，这一点这些天来我们已非常清楚。

为了判断缺乏社会联结的健康风险，朱莉安娜·霍尔特-林斯塔德、蒂莫西·史密斯和布拉德利·莱顿分析了大约150份之前发表的研究数据。他们发现，在降低预期寿命方面，社交孤立与吸烟、饮酒和缺乏体育活动的影响相当。[24] 尽管在这些相关研究中很难确定因果关系，但就像你知道的，雨伞不会导致下雨，但下雨时雨伞常会出现一样。现有的数据表明，相比减掉的那点额外的体重，社会联结可能对你的健康更重要。

但并不是所有的社会联结都重要。为了获得这些美好的健康益处，你的社会联结必须是有意义的。那么是什么让社会联结有意义，成为事实上对你的身心健康有益的联结呢？无论是你的邻居、同事、老师、家人还是伴侣，只有和那些能够支持你目标的人建立的联结才是真正的联结。要做到这一点，在最基本的层面上，这个人必须了解你并且让你感到被了解。

感到被了解时，你会感觉与你互动的这个人"懂"你。他／她理解你为什么要做一些事，即使别人可能觉得你做的是奇怪或愚蠢的事；他／她理解你为什么会以你的方式思考；他／她能抓住你的需求和愿望，因此，了解你的人就是你希望与他／她组成团队的人，也是你愿意接受建议的人。感觉别人了解你，不仅是稳定恋爱关系的基础，也是职业关系的基础，以及其他关系的基础，例如和医生、老师等社会角色的关系。它甚至决定哪些政治候选人会赢得你的选票，很可能是那些似乎理解你需求的人。谈到浪漫关系和亲密感时，感觉被了解就更重要了，很多分手都是因为一方觉得另一方不"懂"他们。

当然，感觉被了解和真正被了解是两码事。如果你从未测试过他们对你的了解程度，你可能会太相信你认为很了解你的人了。有时候，我们甚至会觉得被那些根本不知道我们存在的人所了解。例如，当我们体验到与艺术家、运动员或名人的心理联结时，我们会觉得这些人好像认识我们，尽管实际上我们知道他们不可能认识我们。此外，那些了解我们的人可能并没有我们认为的那么了解，而我们对生活中其他人的了解通常也没有我们认为的那么多。

我们以一项研究为例，这项研究比较了人们自认为了解伴侣的程度和他们实际了解伴侣的程度。这项研究有点像"新婚游戏"。在研究的某个版本中，威廉·斯旺和迈克尔·吉尔先让情侣猜测他们的伴侣会如何回答有关他们性生活史的一些问题，然后让他们对自己猜测的自信程度打分。参与者要预测他们的伴侣对以下问题的回答：他们有过多少性伴侣，他们使用避孕套的频率，以及他们在发生性关系之前通常会约会多少次。[25] 参与者认为可以很容易猜到问题的答案，他们相信自己很了解他们的伴侣，但他们的答案往往是错的。你以为你很了解你的伴侣，但实际并非如此。此外，和某个人在一起的时间越长，你就越会自信地认为自己很了解对方，但你一样会给出很多错误的答案。

不过也不用太自责，别忘了这一点也同样适用于你的伴侣。你自认为了解伴侣的程度超过了实际程度，他们也是如此。此外，你们每个人认为对方了解你的程度也超过了实际程度。一般来说，人们会高估别人对自己的了解程度。[26]

接受了别人对你了解的程度往往达不到你的期望后，你应该意识到，不管一个人对你有多了解，"感觉"你被了解才是令人满意的关系的基础，而你感觉自己了解某人与否，对于你对这段关系的满意度没那么重要。

为了证明这一点，我们可以想想忘记某人名字的那种熟悉的经历。如果我忘了你的名字，你的感觉是我们的关系没有你之前想的那么好，但如果是你忘了我的名字呢？在你看来，你忘记我的名字，可能不像我忘记你的名字那样更能破坏我们的关系。

或者你可以做一做下面的思维实验。选择一个朋友、兄弟姐妹或恋人，想想你会如何回答以下三个问题：

1. 你有多了解这个人的目标和抱负？

2. 这个人对你的目标和抱负了解多少？

3. 你对你们之间的关系有多满意？

我和朱丽安娜·施罗德的实验显示，问题1和问题2的答案分别预测了问题3的答案。但当我们比较这两种形式的关系，即感觉被了解和感觉了解某人时，感觉被了解（问题2）对体验亲密关系更重要。[27]

对我们大多数人来说，只有一种独特的关系是支持他人优先于支持自己的，即父母与孩子的关系。当父母回答和已成年孩子关系的上述三个问题（你有多了解你的孩子？你的孩子有多了解你？你对你们之间的关系满意度怎么样？）时，相比于孩子对父母的了解程度，父母对孩子的了解程度可以预测出父母对亲子关系的满意度。至于我自己成年的女儿，在她们与我分享她们的生活时，我会更开心也更满意我们之间的良好关系，而不是当我与她们分享生活并感到她们在倾听时。

所以你没有你想象的那么被了解，也没有你想象的那么了解别人，你更在意被了解的感觉而不是去了解别人，而且你直到现在才意识到这一点。这意味着，在任何一段关系中，我们都应该保持谦虚的态度，并且应该特别去注意了解我们生活中的人，以便能支持他们的目标，并保持紧密的关系。

空容器

有些关系是具有高度工具性的。你的房地产经纪人、帮你打扫办公室或家的人，还有你的美发师，他们都是你请来帮你实现特定目标的人。虽然你希望他们很了解你并能够满足你的需求，但你可能不会特意去了解他们或理解他们的需求。这些工具型的人通常被视为"空容器"：你只看到使他们成为好的房地产经纪人、清洁工或理发师的特点，而没有看到他们完整的性格。

例如，在我们看来医疗人员往往不是普通人。我们生病需要照顾时，他们会在那里帮助我们，但我们却忘记了，他们也是可能会感到沮丧或疲惫的完整的人。在一项对空容器感知的研究中，需要看社区保健医生的病人是这样评价他们的医生的：他们既不能感受到疼痛、饥饿和疲劳等消极情绪，也不能感受到快乐、放松和希望等积极情绪，但他们能够很好地感知病人的情绪。[28] 你认为你的医生、老师还有打扫你家的清洁工都为你而存在，因此他们能理解你的情感，但他们却没有自己的情感。

将某人视为空容器的极端版本是物化这个人，将其视为实现你目标的工具而不是独立的个体。例如，有些男人物化女人的方式是将女人的价值等同于他们认为她有多性感。对他们来说，女人是满足性欲的工具，没有自己作为人类的思想和情感。有趣的是，被物化的人会通过他人的注视来感知自己，这被认为是"自我物化"。根据心理学家芭芭拉·弗雷德里克森的说法，很多女性会内化那些物化她们的人的观点，把自己基本看成是有形的物体。[29] 虽然将有工具性的他人视为空容器远远算不上完全的物化，但这两种现象都倾向于把别人主要看成实现自己目标的必要工具。

与服务提供者交流时，我们很容易忽略他们的人类经历。但空容器的感觉不止这些。不幸的是，如果身处管理岗位，你会很容易只把员工当成劳动者来对待。如果看过足够多的个人约会资料，你可能会注意到很多人希望有人照顾他们而不是想照顾别人。他们会说，想找那种能让自己笑的人，而不是说想让别人开心。大多数个人约会资料都以自我为中心，展现的不是在寻找爱，而是在寻求被支持。想领养小狗时你会说自己想给予爱，但当在寻找爱情时你说的却是你想得到爱。

奇怪的是，个人约会资料本应是个人广告，人们在推销自己，希望资料能吸引合适的人的注意，应该写得能让读者感觉他们有吸引力。

按我们所了解的，应该显示出作者如何支持读者，而不是正好反过来。

的确，如果让人们新拟一份个人资料解释为什么他们是理想伴侣时，他们写的会比现在这个有吸引力。不只是写约会资料时会这样，无论你是想雇人还是想和朋友重新建立联结，最好的办法就是培养支持他们目标的心态。

为了不让我们把别人看成空容器，我们可以在与周围人的互动中更多地以他人为导向。当我们更习惯地去支持别人时，我们对他们就会更有吸引力，这样我们也更有可能在生活中拥有我们喜欢的人。

为了得到支持，你也需要支持别人。你可能会犯两个错误：第一，你可能会对新朋友、恋人或同事的帮助太少。这段关系可能让你感觉很好，你感觉被了解，你的目标可以实现，但这可能不会持续太久。如果你没有帮别人实现目标，他们可能从与你的交往中得到的很少。第二，你可能在帮助别人实现目标，却得不到回报，在这种关系中，你只有付出没有回报。你可能和家人、伴侣或同事会有这样的关系。这些关系因为不对等，所以很难长期维持。你可能会想要得到更多，或者会干脆放弃。

问自己的问题

人们通过目标联系在一起。我们希望朋友、家人和伴侣了解我们，这样他们就能帮助我们实现目标。另一个人在多大程度上支持你的动机，能够预测你对你们之间关系的满意度。

因此，你一方面应该深入了解你周围的人在你的目标体系中所扮演的角色。他们不仅帮助你实现你的关系目标，也有助于你实现其他目标。例如，你的私人教练可以帮你实现保持身材的目标，就像你的伴侣可以帮你实现升职的目标一样。另一方面，你也应该思考你如何在他们的目标体系中发挥作用。他们会说你促进了他们的情感和智力发展吗？他们会说你帮助他们保持健康吗？最后请记住，虽然我们的关系会支持我们的目标，但我们也可能会为了加深关系而制定目标。这些目标由关系推动，可能会是任何事情，例如发展一项新技能，比如攀岩或烘焙，也可能是找到生活中的新目标，例如促进社会公平。要做到这些你可以先问问自己以下几个问题：

1. 你对身边的人了解多少？你知道他们的目标、需求和抱负吗？你能否画出他们的目标体系？如果你现在说不上来，那就从问问题、做观察和记笔记开始吧。

2. 身边的人知道你的目标体系吗？有没有可能你一直没说过或没表达清晰自己想要什么？

3. 你做了哪些事来帮助伴侣实现目标？他们是如何帮你实现目标的？有什么需要改变的吗？

4. 你能制定一个目标，比如一个新的爱好，作为一段关系的黏合剂吗？这个目标可以让你得到支持，也可以反过来支持别人。

致谢

这本书是母女合作的项目。在女儿希拉的帮助下，我完成了第一版，她帮我进行了编辑，给了我宝贵的反馈和无尽的灵感，而同时她也在艰难的医学院课程和考试中始终保持动力。在我写作时，我的另一个女儿玛雅和儿子托莫也给了我很多灵感。有强大自驱力的玛雅完成了她的天体物理学博士学位，而托莫在完成他的一、二年级课程时也教会了我无数关于动机发展的知识。在我身边的是我的丈夫，也是我最好的朋友阿隆，他让我们一家人能够紧密团结，他的爱和支持激励着我。没有我的家人，我知道这本书就不会有这样的情感和灵魂。我非常感谢他们。

我也要感谢我的科研合作伙伴。我在本书中提到的大部分研究都是与这数十位杰出的科学家，也是我的终生好友一起进行的。我也要特别感谢我的两位导师雅各布·特罗佩和阿里·克鲁格兰斯基，是他们为我开启了研究动机的大门。我还要感谢我指导的学生：张颖、古民贞、崔金姬、克里斯蒂安·迈尔斯、本杰明·康弗斯、戴宪池、斯泰西·芬克尔斯坦、玛法瑞玛·图雷-蒂勒里、沈鲁西、涂彦平、朱丽安娜·施罗德、凯特琳·伍利、雅尼娜·斯坦梅茨、富兰克林·沙迪、劳伦·埃斯克赖斯–温克勒和安娜贝勒·罗伯茨等。我最重要的发现都归功于和他们的合作。

我要感谢我在芝加哥大学和耶鲁大学的同事，他们花了很多时间和我讨论书中的观点，他们自己可能都不知道，是他们帮我润色了书里的很多论证。

最后，我要感谢我的文学经纪人马克斯·布罗克曼，是他鼓励我写这本书；卡桑德拉·布拉巴为我平淡的故事增添了色彩；还有我的编辑特蕾西·贝哈尔，让我专注于我的故事所传达的信息。

注释

第一部分　选择具有强大驱动力的目标
第一章　目标能改变行为，拉着你去努力

1　Subarctic survival exercise, by: Human Synergistics, Inc.

2　Thaler, R. H. (2015). *Misbehaving: The Making of Behavioral Economics*. New York: W. W. Norton.

3　Shaddy, F., and Fish-bach, A. (2018). Eyes on the prize: The preference to invest resources in goals over means. *Journal of Personality and Social Psychology*, 115(4), 624–637.

4　Fujita, K., Trope, Y., Liberman, N., and Levin-Sagi, M. (2006). Construal levels and self-control. *Journal of Personality and Social Psychology*, 90(3), 351–367.

5　Oettingen, G., and Wadden, T. A. (1991). Expectation, fantasy, and weight loss: Is the impact of positive thinking always positive? *Cognitive Therapy and Research*, 15(2), 167–175.

6　Wegner, D. M. (1994). Ironic processes of mental control. *Psychological*

Review, 101(1), 34–52.

7　Carver, C. S., and White, T. L. (1994). Behavioral inhibition, behavioral activation, and affective responses to impending reward and punishment: The BIS/BAS scales. *Journal of Personality and Social Psychology*, 67(2), 319–333.

8　Keltner, D., Gruenfeld,D. H., and Anderson, C. (2003). Power, approach, and inhibition. *Psychological Review*, 110(2), 265–284.

9　Higgins, E. T. (2000). Making a good decision: Value from fit. *American Psychologist*, 55(11), 1217–1230.

10　Higgins, E. T. (1997). Beyond pleasure and pain. *American Psychologist*, 52(12), 1280–1300.

第二章　设定既有挑战性也有实现可能的数字指标

11　Heath, C., Larrick, R. P., and Wu, G. (1999). Goals as reference points. *Cognitive Psychology*, 38(1), 79–109.

12　Kahneman, D., and Tversky, A. (1979). Prospect theory: An analysis of decision under risk. *Econometrica*, 47(2), 263–291.

13　Allen, E. J., Dechow, P. M., Pope, D. G., and Wu, G. (2017). Reference–dependent preferences: Evidence from marathon runners. *Management Science*, 63(6), 1657–1672.

14　Drèze, X., and Nunes, J. C. (2011). Recurring goals and learning: The impact of successful reward attainment on purchase behavior. *Journal of Marketing Research*, 48(2), 268 – 281.

15　Miller, G. A., Galanter, E., and Pribram, K. A. (1960). *Plans and the*

Structure of Behavior. New York: Holt, Rinehart, and Winston.

16 Ariely, D., and Werten–broch, K. (2002). Procrastination, deadlines, and performance: Self–control by precommitment. *Psychological Science*, 13(3), 219–224.

17 Zhang, Y., and Fishbach, A. (2010). Counteracting obstacles with optimistic predictions. *Journal of Experimental Psychology: General*, 139, 16–31.

18 Brehm, J. W., Wright, R. A., Solomon, S., Silka, L., and Greenberg, J. (1983). Perceived difficulty, energization, and the magnitude of goal valence. *Journal of Experimental Social Psychology*, 19(1), 21–48.

19 https://www.livestrong.com/article/320124–how–many–calories–does–the–average–person–use–per–step/ https://www.mayoclinic.org/healthy–lifestyle/weight–loss/in–depth/calories/art-20048065.

20 Bleich, S. N., Herring, B. J., Flagg, D. D., and Gary–Webb, T. L. (2012). Reduction in purchases of sugar–sweetened beverages among low–income black adolescents after exposure to caloric information. *American Journal of Public Health*, 102(2), 329–335.

21 Thorndike, A. N., Sonnenberg, L., Riis, J., Barraclough, S., and Levy, D. E. (2012). A 2–phase intervention to improve healthy food and beverage choices. *American Journal of Public Health*, 102(3), 527–533.

22 Brehm, J. W. (1966). *A Theory of Psychological Reactance*. New York: Academic Press.

23 Ordóñez, L. D., Schweitzer, M. E., Galinsky, A. D., and Bazerman, M. H. (2009). Goals gone wild: The systematic side effects of overprescribing

goal setting. *Academy of Management Perspectives*, 23(1), 6–16.

24 Camerer, C., Babcock, L., Loewenstein, G., and Thaler, R. (1997). Labor supply of New York City cabdrivers: One day at a time. *Quarterly Journal of Economics*, 112(2), 407–441.

25 Uetake, K., and Yang, N. (2017). Success Breeds Success: Weight Loss Dynamics in the Presence of Short–Term and Long–Term Goals. *Working Papers 170002*, Canadian Centre for Health Economics (Toronto).

26 Cochran, W., and Tesser, A. (1996). "管他呢"效应就是目标接近和目标框架对绩效的影响。In L. L. Martin and A. Tesser (Eds.), *Striving and Feeling: Interactions Among Goals, Affect, and Self–Regulation* (99–120). Hillsdale, NJ: Lawrence Erlbaum Associates, Inc.

27 Polivy, J., and Herman, C. P. (2000). The false–hope syndrome: Unfulfilled expectations of self–change. *Current Directions in Psychological Science*, 9(4), 128–131.

28 Oettingen, G., and Sevincer, A. T. (2018). Fantasy about the future as friend and foe. In G. Oettingen, A. T. Sevincer, and P. Gollwitzer (Eds.), *The Psychology of Thinking About the Future* (127–149). New York: Guilford Press.

第三章　正确的激励激发行为，错误的激励适得其反

29 Kerr, S. (1995). On the folly of rewarding A, while hoping for B. *Academy of Management Perspectives*, 9(1), 7–14.

30 这里没有必要引用原文，这里提示得很好，在公元前 440 年前

后的《安提戈涅》中，索福克勒斯写道："没有人喜欢带来坏消息的人。"

31 Lepper, M. R., Greene, D., and Nisbett, R. E. (1973). Undermining children's intrinsic interest with extrinsic reward: A test of the "overjustification" hypothesis. *Journal of Personality and Social Psychology*, 28(1), 129–137.

32 Higgins, E. T., Lee, J., Kwon, J., and Trope, Y. (1995). When combining intrinsic motivations undermines interest: A test of activity engagement theory. *Journal of Personality and Social Psychology*, 68(5), 749–767.

33 Maimaran, M., and Fishbach, A. (2014). If it's useful and you know it, do you eat? Preschoolers refrain from instrumental food. *Journal of Consumer Research*, 41(3), 642–655.

34 Turnwald, B. P., Bertoldo, J. D., Perry, M. A., Policastro, P., Timmons, M., Bosso, C., ... and Crum, A. J. (2019). Increasing vegetable intake by emphasizing tasty and enjoyable attributes: A randomized controlled multisite intervention for taste–focused labeling. *Psychological Science* 30(11), 1603–1615.

35 Zhang, Y., Fishbach, A., and Kruglanski, A. W. (2007). The dilution model: How additional goals undermine the perceived instrumentality of a shared path. *Journal of Personality and Social Psychology*, 92(3), 389–401.

36 Kruglanski, A. W., Riter, A., Arazi, D., Agassi, R., Montegio, J., Peri, I., and Peretz, M. (1975). Effect of task–intrinsic rewards upon extrinsic and intrinsic motivation. *Journal of Personality and Social Psychology*,

31(4), 699–705.

37　Shen, L., Fishbach, A., and Hsee, C. K. (2015). The motivating–uncertainty effect: Uncertainty increases resource investment in the process of reward pursuit. *Journal of Consumer Research*, 41(5), 1301–1315.

第四章　内在动机是实现目标的重要因素

38　Grant, A. M. (2008). Does intrinsic motivation fuel the prosocial fire? Motivational synergy in predicting persistence, performance, and productivity. *Journal of applied psychology*, 93(1), 48.

39　Grant, A. M., and Berry, J. W. (2011). The necessity of others is the mother of invention: Intrinsic and prosocial motivations, perspective taking, and creativity. *Academy of management journal*, 54(1), 73–96.

40　Woolley, K., and Fishbach, A. (2017). Immediate rewards predict adherence to long–term goals. *Personality and Social Psychology Bulletin*, 43(2), 151–162.

41　Ryan, R. M., and Deci, E. L. (2000). Self–determination theory and the facilitation of intrinsic motivation, social development, and well–being. *American Psychologist*, 55(1), 68–78.

42　Woolley, K., and Fishbach, A. (2018). It's about time: Earlier rewards increase intrinsic motivation. *Journal of Personality and Social Psychology*, 114(6), 877–890.

43　Althoff, T., White, R. W., and Horvitz, E. (2016). Influence of Pokémon Go on physical activity: Study and implications. *Journal of Medical Internet Research*, 18(12), e315.

44 Milkman, K. L., Minson, J. A., and Volpp, K. G. (2013). Holding the Hunger Games hostage at the gym: An evaluation of temptation bundling. *Management Science*, 60(2), 283–299.

45 Woolley, K., and Fishbach, A. (2016). For the fun of it: Harnessing immediate rewards to increase persistence on long–term goals. *Journal of Consumer Research*, 42(6), 952–966.

46 Sedikides, C., Meek, R., Alicke, M. D., and Taylor, S. (2014). Behind bars but above the bar: Prisoners consider themselves more prosocial than non–prisoners. *British Journal of Social Psychology*, 53(2), 396–403.

47 Heath, C. (1999). On the social psychology of agency relationships: Lay theories of motivation overemphasize extrinsic incentives. *Organizational Behavior and Human Decision Processes*, 78, 25–62.

48 Woolley, K., and Fishbach, A. (2018). Underestimating the importance of expressing intrinsic motivation in job interviews. *Organizational Behavior and Human Decision Processes*, 148, 1–11.

49 Woolley, K., and Fishbach, A. (2015). The experience matters more than you think: People value intrinsic incentives more inside than outside an activity. *Journal of Personality and Social Psychology*, 109(6), 968–982.

第二部分　持续保持实现目标的动力
第五章　通过监控进展来自我激励

1 Hull, C. L. (1932). The goal–gradient hypothesis and maze learning. *Psychological Review*, 39(1), 25–43.

2　Shapiro, D., Dundar, A., Huie, F., Wakhungu, P. K., Bhimdiwala, A., and Wilson, S. E. (December 2018). Completing College: A National View of Student Completion Rates—Fall 2012 Cohort (Signature Report No. 16). Herndon, VA: National Student Clearinghouse Research Center.

3　Kivetz, R., Urminsky, O., and Zheng, Y. (2006). The goal–gradient hypothesis resurrected: Purchase acceleration, illusionary goal progress, and customer retention. *Journal of Marketing Research*, 43(1), 39–58.

4　Arkes, H. R., and Blumer, C. (1985). The psychology of sunk costs. *Organizational Behavior and Human Decision Processes*, 35, 124–140;

5　Thaler, R. H. (1999). Mental accounting matters. *Journal of Behavioral Decision Making*, 12, 183–206.

6　Sweis, B. M., Abram, S. V., Schmidt, B. J., Seeland, K. D., MacDonald, A. W., Thomas, M. J., and Redish, A. D. (2018). Sensitivity to "sunk costs" in mice, rats, and humans. *Science*, 361(6398), 178–181.

7　Festinger, L. (1957). *A Theory of Cognitive Dissonance*. Palo Alto, CA: Stanford University Press.

8　https://news.gallup.com/poll/244709/pro–choice–pro–life–2018–demographic–tables.aspx.

9　Bem, D. J. (1972). Self–perception theory. In *Advances in Experimental Social Psychology* (Vol. 6, 1–62). Cambridge, MA: Academic Press.

10　Freedman, J. L., and Fraser, S. C. (1966). Compliance without pressure: The foot–in–the–door technique. *Journal of Personality and Social Psychology*, 4(2), 195–202.

11　Koo, M., and Fishbach, A. (2008). Dynamics of self–regulation: How (un) accomplished goal actions affect motivation. *Journal of Personality and Social Psychology*, 94(2), 183–195.

12　Wiener, N. (1948). *Cybernetics: Control and Communication in the Animal and the Machine*. Cambridge, MA: MIT Press.

13　Carver, C. S., and Scheier, M. F. (2012). Cybernetic control processes and the self–regulation of behavior. In R. M. Ryan (Ed.), Oxford Library of Psychology. *The Oxford Handbook of Human Motivation* (28–42). New York: Oxford University Press.

14　Louro, M. J., Pieters, R., and Zeelenberg, M. (2007). Dynamics of multiple–goal pursuit. *Journal of Personality and Social Psychology*, 93(2), 174.

15　Huang, S. C., and Zhang, Y. (2011). Motivational consequences of perceived velocity in consumer goal pursuit. *Journal of Marketing Research*, 48(6), 1045–1056.

第六章　半满心态和半空心态

16　这些例子是基于与麻省理工学院的德拉泽恩·普雷莱茨（Drazen Prelec）的对话。

17　Koo, M., and Fishbach, A. (2010). A silver lining of standing in line: Queuing increases value of products. *Journal of Marketing Research*, 47, 713–724.

18　Koo, M., and Fishbach, A. (2010). Climbing the goal ladder: How upcoming actions increase level of aspiration. *Journal of Personality and Social Psychology*, 99(1), 1–13.

19　Kruglanski, A. W., Thompson, E. P., Higgins, E. T., Atash, M. N., Pierro, A., Shah, J. Y., and Spiegel, S. (2000). To "do the right thing" or to "just do it": Locomotion and assessment as distinct self-regulatory imperatives. *Journal of Personality and Social Psychology*, 79(5), 793–815.

20　Gollwitzer, P. M., Heckhausen, H., and Ratajczak, H. (1990). From weighing to willing: Approaching a change decision through pre-or postdecisional mentation. *Organizational Behavior and Human Decision Processes*, 45(1), 41–65.

第七章　如何避免卡在中间的窘境

21　Bar-Hillel, M. (2015). Position effects in choice from simultaneous displays: A conundrum solved. *Perspectives on Psychological Science*, 10(4), 419–433.

22　Greene, R. L. (1986). Sources of recency effects in free-recall. *Psychological Bulletin*, 99(2), 221–228.

23　Touré-Tillery, M., and Fishbach, A. (2012). The end justifies the means, but only in the middle. *Journal of Experimental Psychology: General*, 141(3), 570–583.

24　Koo, M., and Fishbach, A. (2012). The small-area hypothesis: Effects of progress monitoring on goal adherence. *Journal of Consumer Research*, 39(3), 493–509.

25　Dai, H., Milkman, K. L., and Riis, J. (2014). The fresh start effect: Temporal landmarks motivate aspirational behavior. *Management*

Science, 60(10), 2563–2582.

26 Cherchye, L., De Rock, B., Griffith, R., O'Connell, M., Smith, K., and Vermeulen, F. (2020). A new year, a new you? A two−selves model of within−individual variation in food purchases. *European Economic Review*, 127.

第八章　负面信息对成功至关重要

27 Kahneman, D., and Tversky, A. (1979). Prospect Theory: An Analysis of Decision under Risk. *Econometrica*, 47(2), 263–291.

28 Eskreis−Winkler, L., and Fishbach, A. (2019). Not learning from failure—The greatest failure of all. *Psychological Science*, 30(12), 1733–1744.

29 Gramsci, A. (1977). *Selections from political writings (1910–1920)* (Q. Hoare, Ed., J. Mathews, Trans.). London: Lawrence and Wishart.

30 Eskreis−Winkler, L., and Fishbach, A. (2019). Not learning from failure—The greatest failure of all. *Psychological Science*, 30(12), 1733–1744.

31 Gervais, S., and Odean, T. (2001). Learning to be overconfident. *Review of Financial Studies*, 14(1), 1–27.

32 Diamond, E. (1976). Ostrich effect. *Harper's*, 252, 105–106.

33 Webb, T. L., Chang, B. P., and Benn, Y. (2013). "The Ostrich Problem": Motivated avoidance or rejection of information about goal progress. *Social and Personality Psychology Compass*, 7(11), 794–807.

34 Sicherman, N., Loewenstein, G., Seppi, D. J., and Utkus, S. P. (2015).

Financial attention. *Review of Financial Studies*, 29(4), 863–897.

35   Eskreis–Winkler, L., and Fishbach, A. (2020). Hidden failures. *Organizational Behavior and Human Decision Processes*, 157, 57–67.

36   Seligman, M. E., and Maier, S. F. (1967). Failure to escape traumatic shock. *Journal of Experimental Psychology*, 74(1), 1–9.

37   Hiroto, D. S., and Seligman, M. E. (1975). Generality of learned helplessness in man. *Journal of Personality and Social Psychology*, 31(2), 311–327.

38   Dweck, C. S. (2008). *Mindset: The New Psychology of Success*. Random House Digital, Inc.

39   Finkelstein, S. R., and Fishbach, A. (2012). Tell me what I did wrong: Experts seek and respond to negative feedback. *Journal of Consumer Research*, 39, 22–38.

40   Finkelstein, S. R., Fishbach, A., and Tu, Y. (2017). When friends exchange negative feedback. *Motivation and Emotion*, 41, 69–83.

41   Yeager et al. (2019). A national experiment reveals where a growth mindset improves achievement. *Nature*, 573, 364–369.

42   Eskreis–Winkler, L., Fishbach, A., and Duckworth, A. (2018). Dear Abby: Should I give advice or receive it? *Psychological Science*, 29(11), 1797–1806.

43   Eskreis–Winkler, L., and Fishbach, A. (2020). Hidden failures. *Organizational Behavior and Human Decision Processes*, 157, 57–67.

44   Koch, A., Alves, H., Krüger, T., and Unkelbach, C. (2016). A general valence asymmetry in similarity: Good is more alike than bad. *Journal*

of Experimental Psychology: Learning, Memory, and Cognition, 42(8), 1171–1192.

45 More words to describe negative emotions: Rozin, P., and Royzman, E. B. (2001). Negativity bias, negativity dominance, and contagion. *Personality and Social Psychology Review*, 5(4), 296–320.

46 Eskreis–Winkler, L., and Fishbach, A. (2020). Predicting success. Working paper.

第三部分 创建有效的目标系统

1 https://news.gallup.com/poll/187982/americans–perceived–time–crunch–no–worse–past.aspx.

第九章 掌控多目标，选择你要打的仗

2 Köpetz, C., Faber, T., Fishbach, A., and Kruglanski, A. W. (2011). The multifinality constraints effect: How goal multiplicity narrows the means set to a focal end. *Journal of Personality and Social Psychology*, 100(5), 810–826.

3 Etkin, J., and Ratner, R. K. (2012). The dynamic impact of variety among means on motivation. *Journal of Consumer Research*, 38(6), 1076–1092.

4 Simonson, I., Nowlis, S. M., and Simonson, Y. (1993). The effect of irrelevant preference arguments on consumer choice. *Journal of Consumer Psychology*, 2(3), 287–306.

5 Schumpe, B. M., Bélanger, J. J., Dugas, M., Erb, H. P., and Kruglanski, A. W. (2018). Counterfinality: On the increased perceived instrumentality of

means to a goal. *Frontiers in Psychology*, 9, 1052.

6   Monin, B., and Miller, D. T. (2001). Moral credentials and the expression of prejudice. *Journal of Personality and Social Psychology*, 81(1), 33–43.

7   Effron, D. A., Cameron, J. S., and Monin, B. (2009). Endorsing Obama licenses favoring whites. *Journal of Experimental Social Psychology*, 45(3), 590–593.

8   Shaddy, F., Fishbach, A., and Simonson, I. (2021). Trade–offs in choice. *Annual Review of Psychology*, 72, 181–206.

9   Tetlock, P. E., Kristel, O. V., Elson, S. B., Green, M. C., and Lerner, J. S. (2000). The psychology of the unthinkable: Taboo trade–offs, forbidden base rates, and heretical counterfactuals. *Journal of Personality and Social Psychology*, 78(5), 853–870.

第十章　自控力增加抵抗诱惑的信心

10   Hofmann, W., Baumeister, R. F., Förster, G., and Vohs, K. D. (2012). Everyday temptations: An experience sampling study of desire, conflict, and self–control. *Journal of Personality and Social Psychology*, 102(6), 1318–1335.

11   de Ridder, D. T., Lensvelt–Mulders, G., Finkenauer, C., Stok, F. M., and Baumeister, R. F. (2012). Taking stock of self–control: A meta–analysis of how trait self–control relates to a wide range of behaviors. *Personality and Social Psychology Review*, 16(1), 76–99.

12   Allemand, M., Job, V., and Mroczek, D. K. (2019). Self–control development in adolescence predicts love and work in adulthood.

Journal of Personality and Social Psychology, 117(3), 621–634.

13 Casey, B. J., and Caudle, K. (2013). The teenage brain: Self control. *Current Directions in Psychological Science*, 22(2), 82–87.

14 Sheldon, O. J., and Fishbach, A. (2015). Anticipating and resisting the temptation to behave unethically. *Personality and Social Psychology Bulletin*, 41(7), 962–975.

15 Fishbach, A., and Zhang, Y. (2008). Together or apart: When goals and temptations complement versus compete. *Journal of Personality and Social Psychology*, 94(4), 547–559.

16 Parfit, D. (1984). *Reasons and Persons*. Oxford: Oxford University Press.

17 Bartels, D. M., and Urminsky, O. (2011). On intertemporal selfishness: How the perceived instability of identity underlies impatient consumption. *Journal of Consumer Research*, 38(1), 182–198.

18 Berger, J., and Rand, L. (2008). Shifting signals to help health: Using identity signaling to reduce risky health behaviors. *Journal of Consumer Research*, 35(3), 509–518.

19 Touré–Tillery, M., and Fishbach, A. (2015). It was(n't) me: Exercising restraint when choices appear self–diagnostic. *Journal of Personality and Social Psychology*, 109(6), 1117–1131.

20 Oyserman, D., Fryberg, S. A., and Yoder, N. (2007). Identity–based motivation and health. *Journal of Personality and Social Psychology*, 93(6), 1011–1027.

21 Zhang, Y., and Fishbach, A. (2010). Counteracting obstacles with

optimistic predictions. *Journal of Experimental Psychology: General*, 139(1), 16–31.

22 Trope, Y., and Fishbach, A. (2000). Counteractive self–control in overcoming temptation. *Journal of Personality and Social Psychology*, 79(4), 493–506.

23 Giné, X., Karlan, D., and Zinman, J. (2010). Put your money where your butt is: A commitment contract for smoking cessation. *American Economic Journal: Applied Economics*, 2(4), 213–235.

24 Myrseth, K. O., Fishbach, A., and Trope, Y. (2009). Counteractive self–control: When making temptation available makes temptation less tempting. *Psychological Science*, 20(2), 159–163.

25 Kross, E., Bruehlman–Senecal, E., Park, J., Burson, A., Dougherty, A., Shablack, H., ... and Ayduk, O. (2014). Self–talk as a regulatory mechanism: How you do it matters. *Journal of Personality and Social Psychology*, 106(2), 304–324.

26 Mischel, W., and Baker, N. (1975). Cognitive appraisals and transformations in delay behavior. *Journal of Personality and Social Psychology*, 31(2), 254.

27 Zhang, Y., and Fishbach, A. (2010). Counteracting obstacles with optimistic predictions. *Journal of Experimental Psychology: General*, 139(1), 16–31.

28 Baumeister, R. F., Tice, D. M., and Vohs, K. D. (2018). The strength model of self–regulation: Conclusions from the second decade of willpower research. *Perspectives on Psychological Science*, 13(2), 141–145.

29 Dai, H., Milkman, K. L., Hofmann, D. A., and Staats, B. R. (2015). The impact of time at work and time off from work on rule compliance: The case of hand hygiene in healthcare. *Journal of Applied Psychology*, 100(3), 846–862.

30 Linder, J. A., Doctor, J. N., Friedberg, M. W., Nieva, H. R., Birks, C., Meeker, D., and Fox, C. R. (2014). Time of day and the decision to prescribe antibiotics. *JAMA Internal Medicine*, 174(12), 2029–2031.

31 Fishbach, A., Friedman, R. S., and Kruglanski, A. W. (2003). Leading us not unto temptation: Momentary allurements elicit overriding goal activation. *Journal of Personality and Social Psychology*, 84(2), 296–309.

32 Stillman, P. E., Medvedev, D., and Ferguson, M. J. (2017). Resisting temptation: Tracking how self–control conflicts are successfully resolved in real time. *Psychological Science*, 28(9), 1240–1258.

33 Wood, W., and Neal, D. T. (2007). A new look at habits and the habit–goal interface. *Psychological Review*, 114(4), 843–863.

34 Gollwitzer, P. M. (1999). Implementation intentions: Strong effects of simple plans. *American Psychologist*, 54(7), 493–503.

第十一章　延迟满足能换来更大的回报

35 Mischel, W., Shoda, Y., and Rodriguez, M. L. (1989). Delay of gratification in children. *Science*, 244(4907), 933–938.

36 Watts, T. W., Duncan, G. J., and Quan, H. (2018). Revisiting the marshmallow test: A conceptual replication investigating links between

early delay of gratification and later outcomes. *Psychological Science*, 29(7), 1159–1177.

37 Duckworth, A. L., Tsukayama, E., and Kirby, T. A. (2013). Is it really self–control? Examining the predictive power of the delay of gratification task. *Personality and Social Psychology Bulletin*, 39(7), 843–855.

38 Benjamin, D. J., Laibson, D., Mischel, W., Peake, P. K., Shoda, Y., Wellsjo, A. S., and Wilson, N. L. (2020). Predicting mid–life capital formation with pre–school delay of gratification and life–course measures of self–regulation. *Journal of Economic Behavior and Organization*, 179, 743–756.

39 McGuire, J. T., and Kable, J. W. (2013). Rational temporal predictions can underlie apparent failures to delay gratification. *Psychological Review*, 120(2), 395–410.

40 Roberts, A., Shaddy, F., and Fishbach, A. (2020). Love is patient: People are more willing to wait for things they like. *Journal of Experimental Psychology: General*.

41 Dai, X., and Fishbach, A. (2014). How non–consumption shapes desire. *Journal of Consumer Research*, 41(4), 936 – 952.

42 Roberts, A., Imas, A., and Fishbach, A. Can't wait to lose: The desire for goal closure increases impatience to incur costs. Working paper.

43 Ainslie, G. (1975). Specious reward: a behavioral theory of impulsiveness and impulse control. *Psychological Bulletin*, 82(4), 463–496.

44 Rachlin, H., and Green, L. (1972). Commitment, choice and self–control. *Journal of the Experimental Analysis of Behavior*, 17(1), 15–22.

45 Dai, X., and Fishbach, A. (2013). When waiting to choose increases patience. *Organizational Behavior and Human Decision Processes*, 121, 256–266.

46 Hershfield, H. E., Goldstein, D. G., Sharpe, W. F., Fox, J., Yeykeelis, L., Carstensen, L. L., and Bailenson, J. N. (2011). Increasing saving behavior through age–progressed renderings of the future self. *Journal of Marketing Research*, 48, S23–S37.

47 Rutchick, A. M., Slepian, M. L., Reyes, M. O., Pleskus, L. N., and Hershfield, H. E. (2018). Future self–continuity is associated with improved health and increases exercise behavior. *Journal of Experimental Psychology: Applied*, 24(1), 72–80.

48 Koomen, R., Grueneisen, S., and Herrmann, E. (2020). Children delay gratification for cooperative ends. *Psychological Science*, 31(2), 139–148.

第四部分　创建有助于实现目标的社会网络

1 Holt–Lunstad, J., Smith, T. B., Baker, M., Harris, T., and Stephenson, D. (2015). Loneliness and social isolation as risk factors for mortality: A meta–analytic review. *Perspectives on Psychological Science*, 10(2), 227–237.

第十二章　他人的存在会影响我们的动机

2 Asch, S. E. (1956). Studies of independence and conformity: I. A minority of one against a unanimous majority. *Psychological Monographs: General and Applied*, 70(9), 1–70.

3　Keysers, C., Wicker, B., Gazzola, V., Anton, J. L., Fogassi, L., and Gallese, V. (2004). A touching sight: SII/PV activation during the observation and experience of touch. *Neuron*, 42(2), 335–346.

4　Kouchaki, M. (2011). Vicarious moral licensing: The influence of others' past moral actions on moral behavior. *Journal of Personality and Social Psychology*, 101(4), 702–715.

5　Tu, Y., and Fishbach, A. (2015). Words speak louder: Conforming to preferences more than actions. *Journal of Personality and Social Psychology*, 109(2), 193–209.

6　Ariely, D., and Levav, J. (2000). Sequential choice in group settings: Taking the road less traveled and less enjoyed. *Journal of Consumer Research*, 27(3), 279–290.

7　Triplett, N. (1898). The dynamogenic factors in pacemaking and competition. *American Journal of Psychology*, 9(4), 507–533.

8　Steinmetz, J., Xu, Q., Fishbach. A., and Zhang, Y. (2016). Being Observed Magnifies Action. *Journal of Personality and Social Psychology*, 111(6), 852–865.

第十三章　团队合作中不同的协调模式

9　Ringelmann, M. (1913). "Recherches sur les moteurs animés: Travail de l'homme" [Research on animate sources of power: The work of man], *Annales de l'Institut National Agronomique*, 2nd series, vol. 12, 1–40.

10　Latané, B., Williams, K., and Harkins, S. (1979). Many hands make light the work: The causes and consequences of social loafing. *Journal of Personality and Social Psychology*, 37(6), 822–832.

11 Koo, M., and Fishbach, A. (2016). Giving the self: Increasing commitment and generosity through giving something that represents one's essence. *Social Psychological and Personality Science*, 7(4), 339–348.

12 Wegner, D. M., Erber, R., and Raymond, P. (1991). Transactive memory in close relationships. *Journal of Personality and Social Psychology*, 61(6), 923–929.

13 Ward, A. F., and Lynch, J. G. Jr. (2019). On a need–to–know basis: How the distribution of responsibility between couples shapes financial literacy and financial outcomes. *Journal of Consumer Research*, 45(5), 1013–1036.

14 Tu, Y., Shaw., A., and Fishbach, A. (2016). The friendly taking effect: How interpersonal closeness leads to seemingly selfish yet jointly maximizing choice. *Journal of Consumer Research*, 42(5), 669–687.

15 Koo, M., and Fishbach, A. (2008). Dynamics of self–regulation: How (un) accomplished goal actions affect motivation. *Journal of Personality and Social Psychology*, 94(2), 183–195.

16 Fishbach, A., Henderson, D. H., and Koo, M. (2011). Pursuing goals with others: Group identification and motivation resulting from things done versus things left undone. *Journal of Experimental Psychology: General*, 140(3), 520–534.

第十四章　和朋友、家人一起达成目标

17 Fitzsimons, G. M., and Fishbach, A. (2010). Shifting closeness:

Interpersonal effects of personal goal progress. *Journal of Personality and Social Psychology*, 98(4), 535–549.

18   Converse, B. A., and Fishbach, A. (2012). Instrumentality boosts appreciation: Helpers are more appreciated while they are useful. *Psychological Science*, 23(6), 560–566.

19   Fitzsimons, G. M., Finkel, E. J., and Vandellen, M. R. (2015). Transactive goal dynamics. *Psychological Review*, 122(4), 648–673.

20   Fishbach, A., and Trope, Y. (2005). The substitutability of external control and self-control. *Journal of Experimental Social Psychology*, 41(3), 256–270.

21   Fawcett, C. A., and Markson, L. (2010). Similarity predicts liking in 3-year-old children. *Journal of Experimental Child Psychology*, 105(4), 345–358.

22   Woolley, K., and Fishbach, A. (2019). Shared plates, shared minds: Consuming from a shared plate promotes cooperation. *Psychological Science*, 30(4), 541–552.

23   Woolley, K., Fishbach, A., and Wang, M. (2020). Food restriction and the experience of social isolation. *Journal of Personality and Social Psychology*, 119(3), 657–671.

24   Holt-Lunstad, J., Smith, T. B., and Layton, J. B. (2010). Social relationships and mortality risk: a meta-analytic review. *PLOS Medicine*, 7(7), e1000316.

25   Swann, W. B., and Gill, M. J. (1997). Confidence and accuracy in person perception: Do we know what we think we know about our re-

lationship partners? *Journal of Personality and Social Psychology*, 73(4), 747-757.

26 Kenny, D. A., and DePaulo, B. M. (1993). Do people know how others view them? An empirical and theoretical account. *Psychological Bulletin*, 114(1), 145.

27 Schroeder, J., and Fishbach, A. (2020). It's not you, it's me: Feeling known enhances relationship satisfaction more than knowing.

28 Schroeder, J., and Fishbach, A. (2015). The "empty vessel" physician: physicians' instrumentality makes them seem personally empty. *Social Psychological and Personality Science*, 6(8), 940-949.

29 Fredrickson, B. L., and Roberts, T. A. (1997). Objectification theory: Toward understanding women's lived experiences and mental health risks. *Psychology of Women Quarterly*, 21(2), 173-206.